Monika Albrecht

380 Kurztests die wirklich helfen

Mathematik 5/6

Klett Lerntraining

Bibliografische Information der Deutschen Bibliothek
Die Deutsche Bibliothek verzeichnet diese Publikation in der Deutschen Nationalbibliografie; detaillierte bibliografische Daten sind im Internet über http://dnb.ddb.de abrufbar.

Auflage 4. 3. 2. | 2015 2014 2013
Die letzten Zahlen bezeichnen jeweils die Auflage und das Jahr des Druckes.
Dieses Werk folgt der neuesten Rechtschreibung und Zeichensetzung. Ausnahmen bilden Texte, bei denen künstlerische, philologische oder lizenzrechtliche oder andere Gründe einer Änderung entgegenstehen.

www.klett.de/lernhilfen
Produktsteuerung: Sandra Meyer
Satz: DTP-studio Andrea Eckhardt, Göppingen
Druck: Medienhaus Plump, Rheinbreitbach
Printed in Germany
ISBN 978-3-12-927252-7

9 783129 272527

Hallo liebe Schülerin, hallo lieber Schüler!

In diesem Buch findest du 380 Kurztests, mit denen du in Mathe jeden Tag ein bisschen besser werden kannst. Es bringt viel mehr, täglich in kleinen Portionen zu lernen, als kurz vor Klassenarbeiten oder Tests in einer Hauruck-Aktion.

Wieso 380 Kurztests?
Weil ein Schuljahr in der Regel 190 Schultage hat und in diesem Buch die wichtigsten Themen aus 2 Schuljahren zusammengestellt sind. Wenn du also an jedem Schultag einen Kurztest löst, kannst du ohne Stress besser werden.

Nimm dir täglich 10–15 Minuten Zeit!
Wenn du jeden Tag einen Kurztest machst, wird dir das wirklich helfen. Such dir eine Übung zu einem Thema aus, das dich am meisten interessiert oder das du gerade in der Schule durchnimmst. Nimm dir dann für das Lösen ca. 10 bis 15 Minuten Zeit.

So gehst du mit diesem Buch um:

1. Im Inhaltsverzeichnis sind **alle wichtigen Themen des 5. und 6. Schuljahrs** übersichtlich aufgelistet. Im Buch selbst findest du die Themen immer in den farbigen Balken am oberen Seitenrand.
2. Alle Kurztests sind in 3 Schwierigkeitsstufen eingeteilt. An den 3 Sternen erkennst du, ob ein Kurztest leicht ★☆☆, mittelschwierig ★★☆ oder schwierig ★★★ ist.
3. Anhand der **ausführlichen Lösungen** kannst du überprüfen, ob du alles richtig gemacht hast. Die Lösungen zu jedem Kurztest stehen auf dem Kopf unten auf jeder Seite.
4. **Tipps** (wie z. B. bei Kurztest 12) helfen dir bei besonders kniffligen Aufgaben auf die Sprünge.
5. Dieses Buch ist so aufgebaut, dass du dir einzelne Kurztests zu bestimmten Themen aussuchen kannst. Du musst das Buch nicht von vorne nach hinten durcharbeiten.

Die Klett Lerntraining-Redaktion wünscht dir viel Erfolg!

1 ★☆☆ Große Zahlen und ihre Namen

Schreibe die folgenden Zahlen als Ziffern auf:

a) sechshundertachtzigtausend: ______________________

b) siebenundzwanzig Milliarden dreihundertzwei: ______________________

c) dreihunderttausendvier: ______________________

d) siebenhundertneuntausendsechsunddreißig: ______________________

Und nun umgekehrt: Schreibe die Namen der folgenden Zahlen in Worten aus.
Beachte: Zahlen über einer Million schreibt man auseinander!

e) 90 004 010: ______________________

f) 712 900 802 009 611: ______________________

g) 40 000 265 001: ______________________

h) 9 001 043: ______________________

2 ★★☆ Zahlenkärtchen

Gib jeweils die größte und die kleinste Zahl an, die du mit den gegebenen Kärtchen legen kannst.

4	0	5	8	3	7

____

Jetzt bekommst du ein weiteres Kärtchen mit einer 9 dazu.

Wie heißt nun die größte Zahl, die du mit allen 7 Kärtchen legen kannst? Wo musst du dafür die 9 anlegen und warum?

____

1) a) 680 000 **b)** 27 000 000 302 **c)** 300 004 **d)** 709 036 **e)** Neunzig Millionen viertausendzehn **f)** siebenhundertzwölf Billionen neunhundert Milliarden achthundertzwei Millionen neuntausendsechshundertelf **g)** Vierzig Milliarden zweihundertfünfundsechzigtausendeins **h)** Neun Millionen eintausenddreiundvierzig
2) Größte Zahl: 875 430 (achthundertfünfundsiebzigtausendvierhundertdreißig); kleinste Zahl: (0)34 578 (vierunddreißigtausendfünfhundertachtundsiebzig); mit neun: 9 875 430 (neun Millionen achthundertfünfundsiebzigtausendvierhundertdreißig). Die 9 muss links angelegt werden, da die Stellenwerte von rechts nach links größer werden.

3 ★☆☆ Wissenswertes über Zahlen

Ergänze die Lücken.

Unsere Zahlen werden in einem ____________________-System dargestellt. Das heißt, man kommt von einem Stellenwert zum nächstgrößeren, indem man immer mit ________ multipliziert. Nach den Einern kommen also die Zehner, danach die ________________, die ____________________ usw. Die Zahl zweitausend hat somit _______________ Stellen, die Zahl vierhundert Billionen bereits ____________________. Die größte Zahl mit zehn Stellen ist ______________________________. Hast du schon einmal bis zu einer Sextillion gezählt? Du wärst sehr lange beschäftigt! Bekommst du heraus, wie viele Stellen eine Sextillion besitzt? Es sind ____________________.

4 ★★☆ Vorgänger und Nachfolger

Fülle die Tabelle aus.

Vorgänger					
Zahl	457 999	59 000 000	100 099	999 999	1 290 801
Nachfolger					

Gib jeweils den Vorgänger der folgenden Zahlen an.

a) Eine Milliarde: ______________________________

b) Eine Billion: ______________________________

c) Zehn Billionen: ______________________________

3) Zehner-(Dezimal-); zehn; Hunderter; Tausender; vier; 15; 9 999 999 999 (neun Milliarden neunhundertneunundneunzig Millionen neunhundertneunundneunzigtausendneunhundertneunundneunzig); 37
4) 457 998 – 458 000; 58 999 999 – 59 000 001; 100 098 – 100 100; 999 998 – 1 000 000; 1 290 800 – 1 290 802;
a) 999 999 999 (neunhundertneunundneunzig Millionen neunhundertneunundneunzigtausendneunhundertneunundneunzig); **b)** 999 999 999 999 (neunhundertneunundneunzig Milliarden neunhundertneunundneunzig Millionen neunhundertneunundneunzigtausendneunhundertneunundneunzig); **c)** 9 999 999 999 999 (neun Billionen neunhundertneunundneunzig Milliarden neunhundertneunundneunzig Millionen neunhundertneunundneunzigtausendneunhundertneunundneunzig)

5 ★★☆ Rund ums Runden

Fülle die Tabelle aus.

Runde auf diese Stelle:	Zehner	Hunderter	Tausender
891			
72 315			
951			
99 949			
8500			

6 ★★☆ Eine runde Sache

a) Nenne die größte und die kleinste Zahl, die durch Runden 34 000 ergibt.

Größte Zahl: ______________________ ; Kleinste Zahl: ______________________

b) Nenne die größte und die kleinste Zahl, die auf Hunderter gerundet 34 000 ergibt.

Größte Zahl: ______________________ ; Kleinste Zahl: ______________________

c) Wie viele Zahlen gibt es, die auf Zehner gerundet 34 000 ergeben? Welche?

____

7 ★★☆ Runden oder nicht?

Entscheide, ob es bei diesen Angaben sinnvoll ist, zu runden. Wenn ja, runde.

a) In der 89. Minute glich die Gastmannschaft noch aus. ______________________

b) Die Rede dauerte 19 Minuten und 57 Sekunden. ______________________

c) Die Läuferin schaffte die Strecke in 19,32 Sekunden – Weltrekord! ______________________

5) 890; 900; 1000; 72 320; 72 300; 72 000; 950; 1000; 1000; 99 950; 99 900; 100 000; 8500; 8500; 9000
6) a) 34 499; 33 500; **b)** 34 049; 33 950; **c)** Es gibt 10 Zahlen: 33 995 bis 34 004
7) a) Nein, es kommt auf jede Minute an; **b)** Ja: 20 Minuten; **c)** Nein, das genaue Resultat ist wichtig

8 ★★☆ Was ist dein Lieblingstier?

Eine Umfrage zu dem Thema **Lieblingstier** ergab die folgenden Ergebnisse:
9 Kinder gaben an, dass der **Hund** ihr Lieblingstier sei, 6 nannten das Pferd, 8 gaben die Katze an, 3 waren für **Hamster** und 2 Kinder nannten den **Vogel**. Ebenfalls 3 sagten, dass ihre Lieblingstiere **Geparden** sind.

Stelle die Ergebnisse auf einem Blatt übersichtlich in einem Balkendiagramm dar.

9 ★★★ Staaten in Nordeuropa

In der Tabelle siehst du die Flächengröße der nordeuropäischen Staaten in Quadratkilometern (km²). Die Staaten sind alphabetisch geordnet.

Staat	Dänemark	Estland	Finnland	Island	Lettland	Litauen	Norwegen	Schweden
Fläche in km²	43 094	45 100	338 145	103 000	64 600	65 200	323 877	449 964

a) Erstelle ein Säulendiagramm auf einem Blatt.

b) Manche der angegebenen Zahlen kann man nicht ganz genau eintragen. Wie löst du dieses Problem? Welche Nachteile treten dabei auf?

c) Ordne die Flächen der Größe nach. Beginne mit dem kleinsten Wert.

8) Balkendiagramm Lieblingstiere

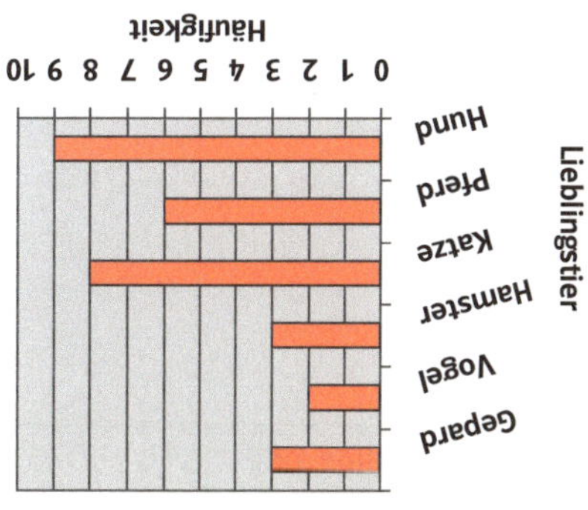

9) a) Säulendiagramm Staaten in Nordeuropa

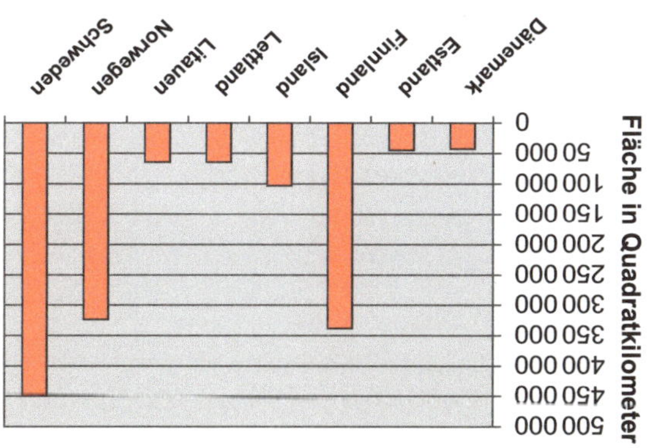

9) b) Durch Runden auf Zehntausender kann man alle Werte ungefähr eintragen, aber „kleinere" Unterschiede gehen verloren, z. B. erkennt man dann nicht mehr, dass Litauen größer ist als Lettland.

c) 43 094 < 45 100 < 64 600 < 65 200 < 103 000 < 323 877 < 338 145 < 449 964

10 ★☆☆ Begriffe

Fülle die Lücken mit den angegebenen Begriffen:

Differenz, Minuend, Subtrahend, Summanden, Summe, Summe

Bei einer Addition gibt es mindestens zwei Summanden. Diese darf man beliebig vertauschen, ohne dass sich das Ergebnis, die Summe, ändert. Auch einen Rechenausdruck (Term) wie 5 + 7 nennt man Summe.

Bei dem Ausdruck 78 – 58 verhält es sich anders: Die erste Zahl (hier die 78) heißt Minuend, die zweite (hier 58) nennt man Subtrahend. Diese beiden dürfen keinesfalls vertauscht werden! Sowohl der Ausdruck 78 – 58 als auch das Ergebnis (nämlich 20) heißen Differenz.

11 ★★☆ Addieren mit Tricks

Berechne im Kopf, indem du – wenn nötig – die Summanden zuerst so vertauschst, dass eine Zehner- oder Hunderterzahl herauskommt.

a)	b)	c)	d)
5 + 2 + 5 12	84 + 37 + 6 127	49 + 1113 + 51 1213	793 + 63 + 207 1063
17 + 41 + 3 61	54 + 599 + 146 799	377 + 388 + 123 888	1844 + 99 + 56 1999
2 + 99 + 1 102	387 + 67 + 33 487	3 + 4 + 51 + 23 81	999 + 999 + 1 + 1 2000

10) Summanden; Summe; Summe; Minuend; Subtrahend; Differenz
11) a) 12; 61; 102; **b)** 127; 799; 487; **c)** 1213; 888; 81; **d)** 1063; 1999; 2000

12 ★★★ Subtrahieren mit Tricks

Hast du Spaß an glatten Ergebnissen und kniffligen Kopfrechenübungen? Dann ist das die richtige Aufgabe für dich! Tipp: Berechne im Kopf, indem du – wenn nötig – zuerst die Subtrahenden addierst und dann die Summe der Subtrahenden vom Minuenden abziehst.

a)	b)	c)	d)
25 – 7 – 8	284 – 78 – 106	49 – 19 – 20	1000 – 99 – 891
97 – 13 – 24	544 – 29 – 115	3777 – 307 – 470	299 – 9 – 199
102 – 17 – 2	1017 – 114 – 3	798 – 4 – 51 – 143	909 – 189 – 1 – 19

13 ★★☆ Und jetzt umgekehrt!

Das Addieren einer Zahl kann durch das Subtrahieren der gleichen Zahl rückgängig gemacht werden. Notiere hinter den Rechnungen jeweils die passende Umkehraufgabe wie im Beispiel und trage die gesuchte Zahl ein:

Beispiel ☐ – 14 = 21. Umkehraufgabe: 21 + 14 = 35 Gesuchte Zahl: 35.

a) ☐ – 35 = 12. ____________________

b) ☐ + 12 = 40. ____________________

c) ☐ – 3678 = 3680. ____________________

d) ☐ + 205 = 375. ____________________

12) a) 10; 60; 83; **b)** 100; 400; 900; **c)** 10; 3000; 600; **d)** 10; 91; 700
13) a) 12 + 35 = 47, gesuchte Zahl: 47; **b)** 40 – 12 = 28, gesuchte Zahl: 28;
c) 3680 + 3678 = 7358, gesuchte Zahl: 7358; **d)** 375 – 205 = 170, gesuchte Zahl: 170

14 ★★☆ Zahlen gesucht

Ergänze die fehlenden Zahlen:

a) 94 – 34 = ____ b) 6 + ____ = 99 c) ____ – 43 = 17 d) 432 + ____ = 440

e) 25 – ____ = 8 f) 204 – 74 = ____ g) ____ – 19 = 98 h) ____ + 65 = 84

Platz für Nebenrechnungen:

15 ★☆☆ Schriftliches Addieren

Berechne die Summen:

a)
```
  8082
+ 1086
------
```

b)
```
  10945
+  9085
-------
```

c)
```
    6182
+ 108697
--------
```

14) **a)** 60; **b)** 93; **c)** 60; **d)** 8; **e)** 17; **f)** 130; **g)** 117; **h)** 19
15) **a)** 9168; **b)** 20030; **c)** 114879

16 ★★☆ Schriftliches Subtrahieren

Berechne die Differenzen:

a)
```
  7412
- 1086
------
```

b)
```
  8075
- 7985
------
```

c)
```
  60082
-  8199
-------
```

17 ★★★ Knobelaufgabe

Trage in die Kästchen die Ziffern 0; 1; 3; 4; 5, 8; 9; 9 so ein, dass die Subtraktion die folgenden Anforderungen erfüllt:

a) Das Ergebnis soll möglichst groß sein.

b) Das Ergebnis soll exakt 4270 betragen.

Platz für Nebenrechnungen:

16) a) 6326; **b)** 90; **c)** 51 883
17) a) 9985 − (0)134 = 9851; **b)** 4589 − (0)319 = 4270

18 ★★☆ Rechnen mit Überschlag

Welche Aufgabe gehört zu welcher Lösung? Notiere zuerst eine Überschlagsrechnung hinter die Aufgabe, verbinde und rechne dann schriftlich nach.

Aufgaben
a) 98 985 − 6512 ≈
b) 47 982 + 39 761 ≈
c) 119 763 − 99 871 ≈
d) 282 + 19 793 ≈

Lösungen
1) 87 743
2) 20 075
3) 92 473
4) 19 892

19 ★☆☆ Einkauf mit Köpfchen I

Runde die Preise so, dass du leicht eine Überschlagsrechnung erstellen kannst.

a) 0,89 € + 6,95 € + 2,99 € ______

b) 5,89 € + 4,49 € + 19,99 € ______

c) 58,59 € + 69,95 € + 21,45 € ______

20 ★★☆ Einkauf mit Köpfchen II

Ida kauft ein. Sie hat Cornflakes für 2,99 €, Käse für 3,61 € und Wurst für 4,39 € im Einkaufswagen. Der Kassierer sagt zu ihr: „Das macht 12,99 €."

Mache eine sinnvolle Überschlagsrechnung. Gib auch den exakten Preis an, den Ida bezahlen muss. Beurteile die Forderung des Kassierers. Warum ist es vorteilhaft, schon vor dem Bezahlen zu wissen, wie viel alles insgesamt in etwa kostet?

______

______

18) a) Überschlag: 99 000 − 6500 = 92 500 → 3); **b)** Überschlag: 48 000 + 40 000 = 88 000 → 1);
c) Überschlag: 120 000 − 100 000 = 20 000 → 4); **d)** Überschlag: 300 + 19 800 = 20 100 → 2)
19) a) 1,00 € + 7,00 € + 3,00 € = 11,00 €; **b)** 6,00 € + 4,50 € + 20,00 € = 30,50 €;
c) 58,50 € + 70,00 € + 21,50 € = 150,00 €
20) Überschlag: 3,00 € + 3,60 € + 4,40 € = 11,00 €. Exaktes Ergebnis: 10,99 €. Die Ware war eventuell falsch ausgezeichnet oder der Scanner der Kasse war kaputt. Es ist vorteilhaft für Ida, direkt eine Überschlagsrechnung zu erstellen, damit sie nicht zuviel bezahlt und den Irrtum aufklären kann.

21 ★★☆ Rechengesetze bei der Addition

a) Gib den Term* in Wortform an und berechne die Summe:

(33 + 99) + (14 + 46)

Berechnung:

* Term ist ein anderes Wort für Rechenausdruck, z. B. sind 13 + 4 oder 189 − 76 + 7 Terme.

b) Beurteile, ob die beiden folgenden Aussagen stimmen und begründe.

Lena behauptet: „Der Term **(14 + 46) + (33 + 99)** ist gleichwertig zu dem Term in Teilaufgabe a), es kommt das gleiche heraus!“ – „Hm“, meint Leo, „ich denke, man könnte hier sogar schreiben **14 + 46 + 33 + 99**, ohne dass sich der Wert verändert – oder?“

22 ★★☆ Klammern haben Vorfahrt!

Welcher Term drückt den folgenden Satz aus? Kreuze an und begründe.

„Subtrahiere die Differenz der Zahlen 54 und 36 von der Zahl 94.“

☐ (1) 94 − 54 − 36   ☐ (2) 94 − (54 − 36)

21) a) „Addiere die Summe aus 33 und 99 und die Summe aus 14 und 46“. Ergebnis: 192; **b)** Lena hat Recht, da man Summanden vertauschen kann (Vertauschungs- oder Kommutativgesetz). Leo hat auch Recht, da man in Summen beliebig Klammern setzen oder weglassen kann (Verbindungs- oder Assoziativgesetz).

22) Nur (2) passt, da dort zuerst die Differenz von 54 und 36 gebildet wird. Ergebnisse: (1) 4; (2) 76. Man erkennt, dass bei der Subtraktion das Verbindungsgesetz (Assoziativgesetz) nicht gilt, die Klammern dürfen also nicht beliebig gesetzt oder weggelassen werden, denn sonst ändert sich der Wert des Terms. Bei (2) muss man die Klammer zuerst ausrechnen. Ohne Klammer wie bei (1) (oder innerhalb einer Klammer) rechnet man immer von links nach rechts.

23 ★★★ Alles klar trotz Klammernschar!

Berechne jeweils den Wert der Terme. Beachte: innere Klammern* zuerst.

a) $1000 + (100 - (30 + 4)) - (99 + 101) - (17 + 49)$

b) $431 - (28 + 172) + (59 - (9 + 21)) - (8 + 9 + 10 + 11 + 12)$

c) $18 - ((9 - (6 - 4) - (7 - 3) - (9 - 8))$

* In manchen Schulbüchern werden äußere Klammern auch eckig dargestellt.

24 ★★☆ Mathe im Kino

Das Kino in Filmerstadt hat 479 Plätze. Da es gerade renoviert wird, können 165 Sitze derzeit nicht genutzt werden. Für eine Vorstellung des Filmes „Die Welle" haben sich sieben Schulklassen angemeldet und vorab insgesamt 212 Karten bestellt. An der Kasse wurden bis zu einer halben Stunde vor Beginn zusätzlich 46 Karten verkauft.

Es gibt mehrere richtige Terme zur Berechnung der Zahl der Plätze, die noch an spontane Besucher verkauft werden können. Findest du zwei? Berechne die Zahl der freien Plätze.

23) a) 800; **b)** 210; **c)** 16

24) z. B. $479 - (165 + 212 + 46)$ und $479 - 165 - 212 - 46$. Ergebnis ist 56.

25 ★☆☆ Was gehört zusammen?

Finde alle gleichwertigen Terme.

$7 + 7 + 7 + 7 + 7 + 7$	$21 \cdot 21$	42
$9 \cdot 17$	441	$2 \cdot 3 \cdot 7$
$3 \cdot 3 \cdot 7 \cdot 7$	$6 \cdot 7$	$(3 \cdot 7) \cdot (3 \cdot 7)$
$7 \cdot 6$	153	$2 \cdot 21$

____

____

26 ★★☆ Regeln beim Multiplizieren

Wie du sicherlich schon weißt, gibt es verschiedene Möglichkeiten, ein Produkt zu berechnen. Wenn du dabei ein paar Regeln beachtest, kannst du oft vorteilhaft rechnen.

Notiere die Rechengesetze, die hier angewendet werden.

a) Es gilt: $5 \cdot 13 \cdot 20 = 5 \cdot 20 \cdot 13$.

Dies ist das ____________ -Gesetz der Multiplikation. Es lautet:

____

____

b) Es gilt auch: $(7 \cdot 2) \cdot 5 = 7 \cdot (2 \cdot 5)$.

Dies ist das ____________ -Gesetz der Multiplikation. Es lautet:

____

____

25) $7+7+7+7+7+7 = 7 \cdot 6 = 6 \cdot 7 = 2 \cdot 3 \cdot 7 = 2 \cdot 21 = 42$;
$9 \cdot 17 = 153$; $3 \cdot 3 \cdot 7 \cdot 7 = (3 \cdot 7) \cdot (3 \cdot 7) = 21 \cdot 21 = 441$

26) a) Vertauschungs- bzw. Kommutativgesetz: In Produkten darf man die Faktoren beliebig vertauschen.
b) Verbindungs- bzw. Assoziativgesetz: In Produkten mit mehreren Faktoren dürfen Klammern beliebig gesetzt oder weggelassen werden.

27 ★★☆ Potenzschreibweise

Ergänze die Tabelle:

Potenzschreibweise	Produktschreibweise	Ergebnis
	1·1·1·1·1·1·1·1	
2^5		
4^3		
		81
	7	

28 ★★★ Die Kleinsten zuerst!

Berechne die Potenzen und ordne sie der Größe nach an. Beginne mit dem kleinsten Wert.

3^4 2^{10} 1023^1 2^2 12^2 1^{20} 5^3 4^3 10^2

27) $1^8 = 1$; $2 \cdot 2 \cdot 2 \cdot 2 \cdot 2 = 32$; $4 \cdot 4 \cdot 4 = 64$; $3^4 = 3 \cdot 3 \cdot 3 \cdot 3$ ODER $9^2 = 9 \cdot 9$; $7^1 = 7$

28) $3^4 = 81$; $2^{10} = 1024$; $1023^1 = 1023$; $2^2 = 4$; $12^2 = 144$; $1^{20} = 1$; $5^3 = 125$; $4^3 = 64$; $10^2 = 100$;
geordnet: $1^{20} < 2^2 < 4^3 < 3^4 < 10^2 < 5^3 < 12^2 < 1023^1 < 2^{10}$

29 ★★☆ Multiplikation mit 0

Vervollständige die Rechnungen. Begründe deine Überlegungen.

$0 \cdot 4 =$ ______ $487329 \cdot 0 =$ ______ ______ $\cdot 743 = 0$

30 ★★★ Division mit 0

Findest du eine Zahl, die in diese Lücke passt? Begründe deine Antwort. Was folgt daraus für die Umkehraufgabe?

______ $\cdot 0 = 5$ Umkehraufgabe: $5 : 0 =$ ______

31 ★★☆ Punkt vor Strich!

Berechne die Ergebnisse. Beachte: Punktrechnung immer vor Strichrechnung.

$5 + 9 \cdot 0 =$ ______ $23 \cdot 298 \cdot 0 =$ ______ $0 : 3 + 2 =$ ______

$94 : 0 - 7 =$ ______ $40 - 5 \cdot 2 =$ ______ $10 + 18 : 9 =$ ______

29) Die Ergebnisse sind immer Null. Wenn ein Produkt Null ist, muss mindestens einer der Faktoren Null sein.
30) Man findet keine passende Zahl, da ein Faktor 0 ist und somit das Produkt auch 0 sein muss. Damit folgt für die Umkehraufgabe: Es gibt keine Zahl, die in die Lücke passen könnte. Durch 0 kann man also gar nicht teilen!
31) 5; 0; 2; geht nicht; 30; 12

32 ★☆☆ Dividieren im Kopf

Ergänze die Lücken:

a) 15 · ________ = 180 7 · ________ = 2800 ________ · 5 = 95

b) 144 : ________ = 12 ________ : 23 = 100 ________ : 13 = 5

c) 540 : 270 = ________ 3200 : ________ = 80 ________ : 16 = 40

Bei den Rechnungen von Teilaufgabe a) steht kein Geteilt-Zeichen. Warum haben sie trotzdem etwas mit Division zu tun?

____

____

____

____

33 ★★☆ Schriftliche Multiplikation

Multipliziere schriftlich. Mache zuerst eine Überschlagsrechnung als Ergebniskontrolle.

a) 5 6 · 8 1	b) 3 8 9 · 1 3 7	c) 1 2 9 3 0 · 6 8

32) a) 12; 400; 19; **b)** 12; 2300; 65; **c)** 2; 40; 640
Eine Multiplikation hat immer eine Division als Umkehraufgabe und umgekehrt. Also bekommt man den fehlenden Faktor heraus, indem man das Produkt durch den bekannten Faktor teilt, z. B. 180 : 15 = 12.
33) a) Überschlag: 60 · 80 = 4800; exakt: 4536; **b)** Überschlag: 400 · 150 = 60 000; exakt: 53 293;
c) Überschlag: 13 000 · 70 = 910 000; exakt: 879 240

34 ★★☆ Schriftliche Division

Dividiere schriftlich. Mache zuerst eine Überschlagsrechnung als Ergebniskontrolle. Achtung: bei einer Aufgabe bleibt ein Rest.

a) 2 8 4 8 : 1 6 =	b) 5 2 7 3 : 2 3 =

35 ★★☆ Schriftliche Division mit Probe

Dividiere schriftlich und mache dann die Probe. Bei einer Aufgabe bleibt ein Rest.

a) 6 9 3 9 : 1 7 =	b) 8 0 6 0 0 : 1 3 0 0 =

34) a) Überschlag: 3000 : 15 = 200; exakt: 178; **b)** Überschlag: 5000 : 25 = 200; exakt: 229 Rest 6

35) a) 408 Rest 3. Probe: Man rechnet 408 · 17 und zählt dann den Rest dazu. **b)** Hier darf man zuerst Nullen streichen, und zwar immer gleich viele beim Dividenden und beim Divisor, dann ändert sich die Lösung nicht! Also lautet die vereinfachte Aufgabe: 806 : 13; Lösung ist 62. Probeaufgabe: 62 · 1300.

36 ★★☆ Nötige und unnötige Klammern

Klammern, die nichts am Wert des Terms ändern, kann man auch weglassen. Schreibe die Terme ohne die überflüssigen Klammern und gib das Ergebnis an.

Tipp: Wenn du dir nicht sicher bist, probiere es aus, indem du den Wert des Terms einmal MIT und einmal OHNE die fragliche Klammer berechnest.

a) $(3\cdot4)+88-(4+1)$ ______

b) $(124-(23+(3\cdot17)):(6-4))$ ______

c) $64:(4\cdot2)+(1+1)$ ______

d) $((4\cdot15\cdot2)-(5\cdot16)+(2\cdot2\cdot5)):10$ ______

37 ★★☆ Taschengeld

Marita bekommt pro Monat 20 € Taschengeld, ihr jüngerer Bruder Jonas bekommt monatlich 16 €.
Marita will ausrechnen, wie viel Geld sie und ihr Bruder gemeinsam im Jahr von ihren Eltern erhalten. Sie rechnet:
„20 € und 16 € gibt 36 €. Also macht das im Jahr 36 €·12 = 432 €. Stimmt's?"
Jonas: „Also, ich komme auf das gleiche Ergebnis. Aber ich habe anders gerechnet …"

a) Wie könnte Jonas gerechnet haben?

______

______

______

b) Notiere jeweils einen Term für die beiden Rechenwege.

______

______

______

36) a) $3\cdot4+88-(4+1)=95$; **b)** $124-(23+3\cdot17):(6-4)=87$; **c)** $64:(4\cdot2)+1+1=10$;
d) $(4\cdot15\cdot2-5\cdot16+2\cdot2\cdot5):10=6$
37) a) Jonas hat wohl erst 20 €·12 = 240 € und 16·12 = 192 € gerechnet und dann die Ergebnisse addiert zu 240 € + 192 € = 432 €. **b)** Maritas Term: (20 € + 16 €)·12; Term von Jonas: 20 €·12 + 16 €·12.
Beide Terme sind gleichwertig, das besagt das Verteilungs- bzw. Distributivgesetz.

38 ★★☆ Gleichwertige Terme

Wenn zwei Terme das gleiche Ergebnis haben, nennt man sie gleichwertig.
Man darf sie dann mit einem Gleichheitszeichen verbinden, z. B. $(32+8):2 = 16+4$, Ergebnis: 20.

Finde mithilfe des Distributivgesetzes jeweils einen gleichwertigen Term und gib das Ergebnis an:

a) $(120+80):10 =$ 200:10=20

b) $(17-7)\cdot 13 =$ 10·13=130

c) $5\cdot(300+10+5) =$ 5·315=1575

d) $(4800-240):48 =$ 4560:48=

Hast du mit dem linken oder mit dem rechten Term das Ergebnis berechnet?

39 ★★★ Vorteil!

Die Rechengesetze zu kennen, kann ein echter Vorteil sein. Es ist z. B. viel einfacher, den Term $(27-7)\cdot 7$ zu berechen als den gleichwertigen Term $27\cdot 7-7\cdot 7$, oder?

Wusstest du, dass du das Distributivgesetz schon in der Grundschule beim Kopfrechnen benutzt hast? Wenn du z. B. die Aufgabe $21\cdot 3$ berechnest, zerlegst du die 21 sicher in $20+1$. Du rechnest also $21\cdot 3 = (20+1)\cdot 3 = 20\cdot 3+1\cdot 3 = 60+3 = 63$.

Schreibe wie im Beispiel, indem du eine Zahl vorteilhaft zerlegst, und berechne. (Vorsicht: Beim Dividieren darf man nur den Dividenden zerlegen.)

a) $9\cdot 29 =$

b) $84:7 =$

c) $157\cdot 4 =$

d) $512:32 =$

38) a) $120:10+80:10 = 12+8 = 20$; **b)** $17\cdot 13-7\cdot 13 = 130$; **c)** $5\cdot 300+5\cdot 10+5\cdot 5 = 1575$;
d) $4800:48-240:48 = 100-5 = 95$. Prinzipiell ist es für das Ergebnis egal, mit welcher Seite man rechnet, da die Terme ja gleichwertig sind.
Bei **a)** rechnet man schneller mit der linken Seite, also mit dem vorgegebenen Term, da man dann nur eine Addition und eine Division vornehmen muss und die Summe besonders leicht durch 10 teilbar ist. Bei **b)** ist es ebenfalls von Vorteil, zuerst die Klammer auszurechnen, da man mit 10 leicht multiplizieren kann. Bei **c)** und bei **d)** dagegen ist die rechte Seite vorteilhafter zu rechnen.

39) a) z. B. $9\cdot(30-1) = 9\cdot 30-9\cdot 1 = 270-9 = 261$ (oder man zerlegt die 9 in $10-1$);
b) z. B. $(70+14):7 = 70:7+14:7 = 10+2 = 12$;
c) z. B. $(100+50+7)\cdot 4 = 100\cdot 4+50\cdot 4+7\cdot 4 = 400+200+28 = 628$;
d) z. B. $(320+160+32):32 = 10+5+1 = 16$.

40 ★★☆ Fein raus mit Gauß

Carl Friedrich Gauß (1777–1855) war ein sehr berühmter deutscher Mathematiker, Astronom und Physiker. Er war erst 6 Jahre alt, als er sich einen Trick ausdachte, wie man ganz schnell die Zahlen von 1 bis 100 addieren kann: Man addiert immer zwei Zahlen so, dass man stets die gleiche Summe erhält: $1+100$; $2+99$; $3+98$ usw.

a) Welche Regelmäßigkeit kannst du bei den drei Summen erkennen?

____

b) Oben wurden nur die ersten drei Summen aufgeschrieben. Wie heißt die letzte Summe, die man berechnen muss, wenn man wie Gauß rechnen möchte?

____

c) Wie oft kann man auf diese Weise die gleiche Summe (nämlich 101) erhalten? Wie groß ist die Summe aller Zahlen von 1 bis 100?

____

d) Das klappt natürlich auch mit anderen Summen. Berechne wie Gauß die Summe aller Zahlen von 1 bis 10 und als weitere Aufgabe die Summe von 1 bis 1000.

____

41 ★★★ Profitraining

Warum einfach, wenn es auch kompliziert geht? Diese Terme sehen zwar auf den ersten Blick sehr „unfreundlich" aus, es kommen aber verblüffende Ergebnisse raus!

Berechne die Ergebnisse. Nimm dafür zunächst ein Blatt Papier und schreibe deinen Rechenweg auf. Wenn du die Aufgaben z. B. mit einem Rechenbaum gelöst hast, kannst du versuchen, solche Rechenausdrücke im Kopf zu berechnen. Achte beim Rechnen auf Rechenvorteile, dann sparst du dir viel Arbeit.

a) $(8+4)\cdot 32:(8\cdot 4)-108:9=$ ____________________

b) $(116-(10+45:5))+(3\cdot 17+51):34=$ ____________________

c) $52-23-225:(3\cdot 5)-(1+2+3+4+5+6+7+8+9+10+11+12):6=$ ____________________

40) a) Es kommt immer 101 heraus, da immer der erste Summand um eins vergrößert und der zweite Summand um eins verringert wird. **b)** $50+51=101$; **c)** 50 mal, also $50\cdot 101=5050$; **d)** $5\cdot 11=55$; $500\cdot 1001=500\,500$

41) a) 0; **b)** 100; **c)** 1

42 ★★☆ Wandertag I

Die 32 Kinder der Klasse 5b haben für einen Wandertag **304 €** gespart. Geplant ist, mit der Bahn in die 30 km entfernte Stadt zu fahren und dort ins Kino zu gehen. Sowohl für das Kino als auch für die Bahnfahrt gibt es günstige Gruppenkarten: Der Kino-Eintritt pro Kind kostet **3,20 €**, und für eine Tageskarte bei der Bahn bezahlt jedes Kind **4,80 €**. Die Überschlagsspezialistin der Klasse, Karina, sagt nach kurzem Nachdenken: „Toll, es bleibt sogar noch etwas von dem Geld übrig!"

a) Wie viel Geld bleibt übrig? Notiere einen passenden Term. Rechne schriftlich.

b) Stelle einen zweiten Term auf, mit der man die Teilaufgabe a) ebenfalls lösen könnte. Welches Gesetz kann dir helfen, diesen zweiten Term zu finden?

43 ★★☆ Wandertag II

Lehrer Jansen sagt: „Da ja erfreulicherweise noch Geld übrig bleibt, darf sich jedes Kind vom Restgeld noch ein Eis im Kino kaufen, wenn es nicht zu teuer ist. Aber alle bekommen dann das gleiche Eis, sonst gibt es nur wieder Streit."

Wie viel darf ein Eis höchstens kosten, damit keiner leer ausgeht? Rechne schriftlich.

42) a) Mögliche Terme: $304 - 32 \cdot (3{,}20 + 4{,}80)$ ODER $304 - (32 \cdot 3{,}20 + 32 \cdot 4{,}80)$, Ergebnis: Es bleiben noch 48 € übrig. **b)** Zweiter Term: siehe a). Das Verteilungs- bzw. Distributivgesetz besagt: Wenn man eine Summe multipliziert, darf man auch jeden Summanden getrennt multiplizieren und die Ergebnisse danach addieren, ohne dass sich der Wert des Terms verändert. So kommt man auf die zwei möglichen Terme.

43) 48 € : 32 = 1,50 €, also darf ein Eis höchstens 1,50 € kosten. (Weitere Möglichkeit für den Rechenweg: zuerst die 48 € in Cent umrechnen und das Ergebnis wieder in Euro umwandeln.)

44 ★★★ Jede Menge Süßigkeiten

Kevin kauft für seine Geburtstagsfeier kleine Überraschungen für seine Gäste ein. Jeder Gast – und er selbst natürlich auch – soll etwas Süßes bekommen. Er kauft zunächst 6 Schaumwaffeln für jeweils 45 Cent. Von dem Restgeld kauft er Brauselutscher zu je 0,40 € und Schokoriegel für je 0,60 €, und zwar doppelt so viele Brauselutscher wie Schokoriegel. Insgesamt muss er 8,30 € bezahlen.

Berechne, wie viele Gäste Kevin zu seiner Feier eingeladen hat.

45 ★★★ Gesucht wird ...

Finde die passenden Zahlen.

a) ______ $\cdot 9 = 45$

b) $36 : (1 +$ ______ $) = 12$

c) $(49 - 9) \cdot$ ______ $= 1200$

d) $20 - 6 \cdot$ ______ $= 9 - 7$

e) ______ $: 8 \cdot 8 = 64$

f) (______ $- 34) \cdot 7 = 0$

44) Kevin hat von den restlichen 5,60 € noch 8 Brauselutscher und 4 Schokoriegel gekauft. Insgesamt hat er also nun 18 Süßigkeiten; da er selbst ja auch etwas bekommt, erwartet er 17 Gäste. Möglicher Lösungsweg: Die 6 Schaumwaffeln kosten zusammen 2,70 €, also hat Kevin noch 5,60 € übrig. Nun kann man sich überlegen: 1 Schokoriegel kostet 0,60 €, also kosten 2 Schokoriegel 1,20 €, drei Stück 1,80 €, vier 2,40 €, fünf kosten 3 € und sechs 3,60 €. Ebenso weiß man, dass ein Lutscher 0,40 € kostet, zwei kosten dann 0,80 €, vier 1,60 €, acht 3,20 € usw. Wenn Kevin doppelt so viele Lutscher wie Riegel erworben und das ganze Restgeld ausgegeben hat, muss er also vier Riegel und acht Lutscher gekauft haben.

45) a) 5; **b)** 2; **c)** 30; **d)** 3; **e)** 64; **f)** 34

46 ★★☆ Lösungsmengen bei natürlichen* Zahlen

x steht hier für irgendeine oder sogar mehrere natürliche Zahlen und ist ein so genannter Platzhalter. Welche Zahl bzw. Zahlen darf man für den Platzhalter einsetzen, damit links und rechts zwei gleichwertige Terme stehen?

a) $(x+3):4=1$ x = ______

b) $3\cdot(9-x)=21$ x = ______

c) $x-6<10$ x = ______

d) $19-4\cdot x=7$ x = ______

e) $20-x>16$ x = ______

* In manchen Büchern wird die Null nicht zu den natürlichen Zahlen gezählt.
Wenn du dir nicht sicher bist, frage besser noch einmal nach, wie es bei dir gehandhabt wird!

47 ★★★ Vom Text zur Gleichung

Diese Aufgabe ist eine wirkliche Herausforderung!
Gib die Lösung an. Schaffst du es, die Zahlenrätsel als Gleichung zu schreiben?

a) Ole sagt zu Anna: „Denk dir irgendeine natürliche Zahl. Multipliziere sie mit 5 und zähle zu dem Ergebnis 3 dazu. Was kommt raus?" Anna antwortet: „Ich erhalte die Zahl 38." Ole: „Aha, dann weiß ich, welche Zahl du dir gedacht hast!" Du auch?

______

b) Björn sagt zu Marvin: „Ich denke mir eine Zahl. Von dieser subtrahiere ich 14 und multipliziere das Ergebnis mit 3. Dann erhalte ich 36. Welche Zahl habe ich mir gedacht?"

______

c) Ingrid sagt zu Elli: „Denk dir eine natürliche Zahl. Multipliziere sie mit vier und verdopple das Ergebnis. Addiere 8 zu dem verdoppelten Wert hinzu. Wenn du das Ergebnis nun durch 8 teilst und davon noch 1 subtrahierst, bekommst du wieder die Zahl, die du dir gedacht hast – wetten?"

______

46) a) $x=1$; **b)** $x=2$; **c)** Für x gibt es mehrere Möglichkeiten, nämlich $\{15; 14; 13; 12; 11; 10; 9; 8; 7; 6\}$ (Da die kleinste natürliche Zahl 0 ist, ist 6 die kleinste hier zugelassene Zahl). **d)** $x=3$; **e)** Für x gibt es wieder mehrere Möglichkeiten, nämlich $\{0; 1; 2; 3\}$. ($20-4$ wäre bereits 16 und nicht **größer** als 16).

47) a) $5\cdot x+3=38$, also muss $x=7$ gelten, damit links und rechts des Gleichheitszeichens der gleiche Wert herauskommt. **b)** $(x-14)\cdot 3=36$; also ist $x=26$; **c)** $(2\cdot 4\cdot x+8):8-1=x$. Dass der linke Term wirklich wieder die gedachte Zahl ergibt, kannst du nachprüfen, indem du verschiedene Zahlen einsetzt.

48 ★☆☆ Unser Stellenwertsystem

Ergänze die fehlenden Teilsätze.

Du weißt, dass 135 kleiner ist als 513, obwohl die gleichen Ziffern verwendet werden und es in beiden Fällen gleich viele Ziffern sind. Wie groß eine Zahl ist, kannst du also nicht nur an den Ziffern selbst und ihrer Anzahl ablesen, sondern auch daran,

______________________________.

Bei der 135 steht z. B. die 5 für die ______________________, die 3 für die ______________________ und die 1 für die ______________________.

Man sagt, die erste Zahl von rechts hat den Stellenwert eins, die nächste Zahl hat den Stellenwert ______________ und so weiter. Von einem Stellenwert zum nächsten kommt man, indem man ______________________________.

Insgesamt können wir mit ______________ verschiedenen Ziffern, nämlich ______________________________ sämtliche Zahlen darstellen. Unser Stellenwertsystem ist also ein ______________________________.

49 ★★☆ Das Zweiersystem

a) Ergänze die fehlenden Stellenwerte. Erkläre dein Vorgehen.

b) Wie oft brauchst du welche Stellenwerte, um die Zahl 3 zu erhalten? Wie kann man mit dieser Tabelle die Zahl 9 darstellen? ______________________

c) Wie viele Ziffern braucht man mindestens, um im Zweiersystem alle Zahlen darstellen zu können? Probiere aus. ______________________.

______er	______er	16er	8er	4er	2er	1er

48) in welcher Reihenfolge die Ziffern angeordnet sind; 1er, 10er, 100er; 10; immer den „alten" Stellenwert mit 10 multipliziert; 10; mit den Ziffern 0; 1; 2; 3; 4; 5; 6; 7; 8; 9 Zehner-(Dezimal-)system

49) a) Links von den 16ern stehen die 32er, danach kommen die 64er. Man erhält diese Zahlen, indem man immer den „alten" Stellenwert mit zwei multipliziert, also verdoppelt. **b)** Für die 3 braucht man einmal die 1 und einmal die 2; für die 9 braucht man einmal die 8 und einmal die 1. **c)** Zwei: 0 und 1

50 ★☆☆ Vom Zweiersystem ins Zehnersystem

Um welche Zahlen handelt es sich?

a) $(10)_2$ = $(100)_2$ = $(1000)_2$ =

b) $(1010)_2$ = $(1111)_2$ = $(1101)_2$ =

c) $(11111)_2$ = $(11101)_2$ = $(111010)_2$ =

d) $(110110)_2$ = $(101010)_2$ = $(11110101)_2$ =

51 ★★☆ Vom Zehnersystem ins Zweiersystem

Wandle ins Zweiersystem um.

a) 1 = 5 = 9 =

b) 11 = 25 = 47 =

c) 68 = 99 =

d) 257 = 500 =

52 ★★★ Entdeckungen beim Zweiersystem

Wandle alle Zahlen von 31 bis 51 in die Zweiersystem-Darstellung um und trage diese wie im Beispiel geordnet in eine Tabelle ein.

Wenn du dir dann die 1er-Spalte von oben nach unten ansiehst, stellst du fest, dass sich die Ziffern 1 und 0 immer abwechseln, das heißt: 1; 0; 1; 0 usw.

Untersuche auch die anderen Spalten und finde eine entsprechende Regel.

32er	16er	8er	4er	2er	1er	Zahl:
	1	1	1	1	1	31

50) a) 2; 4; 8; **b)** 10; 15; 13; **c)** 31; 29; 58; **d)** 54; 42; 245

51) a) $(1)_2$; $(101)_2$; $(1001)_2$; **b)** $(1011)_2$; $(11001)_2$; $(101111)_2$; **c)** $(1000100)_2$; $(1100011)_2$; **d)** $(100000001)_2$; $(111110100)_2$

52) In der 2er-Spalte kommt immer zweimal die Null und danach wieder zweimal die Eins vor, in der 4er-Spalte viermal die Null und dann viermal die Eins usw. Die Anzahl der gleichen Ziffern untereinander kann man also an dem jeweiligen Stellenwert ablesen.

53 ★★★ Mehr Entdeckungen beim Zweiersystem

a) Schreibe die folgenden Zahlen im Zweiersystem auf.

1 = 3 = 7 =

15 = 31 = 63 =

b) Was fällt dir auf? Kannst du deine Entdeckung erklären?

____

____

c) Wie lauten die nächsten zwei Zahlen, die nach diesem Muster aufgebaut sind?

____

d) Wie sehen generell die Nachfolger der Zahlen aus a) im Zweiersystem aus?

____

____

54 ★★★ Andere Stellenwertsysteme

Dies ist eine Tabelle zum Dreiersystem. Wie lauten die Zahlen im Dreiersystem?

27er	9er	3er	1er	Zahl:
				4
				23
				47

Hinweis:
Im **Drei**ersystem hat man **drei** Ziffern zur Verfügung.

Welche Stellenwerte werden wohl in einer Tabelle zum Vierersystem verwendet?

____

53) a) $(1)_2$; $(11)_2$; $(111)_2$; $(1111)_2$; $(11111)_2$; $(111111)_2$ **b)** Die Zahlen sind im Zweiersystem aus lauter Einsen zusammengesetzt. Das liegt daran, dass die Zahlen immer um eins kleiner sind als der nächste Stellenwert. Also benötigt man alle Stellenwerte einmal. **c)** 127; 255 **d)** Sie haben ganz links eine Eins und ansonsten nur Nullen.
54) $(11)_3$; $(212)_3$; $(1202)_3$. Im Vierersystem nimmt man die Stellenwerte 1; 4; 16; 64; …

55 ★★☆ Römische Zahlen

a) Kennst du die römischen Zahlzeichen? Notiere sie.

1 = ________ 5 = ________ 10 = ________

50 = ________ 100 = ________ 500 = ________

1000 = ________

b) Welche Zahlen werden hier dargestellt?

IV = ________ XI = ________ CCL = ________

IC = ________ XL = ________ CDVIII = ________

MCDXLIII = ________ MDCLXXXIV = ________

56 ★★★ Weiter gedacht

a) Tina behauptet:
„Wenn eine Zahl mehr Ziffern hat als eine zweite Zahl, so ist die erste Zahl auch automatisch größer als die zweite Zahl.“ Hat Tina Recht?

____

____

____

b) Ist das System der römischen Zahlen auch ein Stellenwertsystem? Begründe.

____

____

____

55) a) I; V; X; L; C; D; M; **b)** 4; 11; 250; 99; 40; 408; 1443; 1684
56) a) Sie hat nur Recht, wenn sie sich auf Stellenwertsysteme bezieht, aber die römischen Zahlen folgen dieser Regel nicht, wie man z.B. an diesem Beispiel sieht: 99 = IC, 100 = C. Obwohl 100 > 99, hat 100 in der römischen Darstellung eine Ziffer weniger. **b)** Nein, da die römischen Zahlzeichen immer den gleichen Wert besitzen. In einem Stellenwertsystem ist der Wert davon abhängig, an welcher Stelle die entsprechende Ziffer steht (Einer, Zehner, Hunderter etc.).

57 ★☆☆ Gerecht aufgeteilt?

Karla, Vanessa, Julian und Mirco sollen in Mathe zusammenarbeiten. Ihr Lehrer Herr Jung gibt ihnen eine Menge Übungsaufgaben, denn bald soll eine Arbeit geschrieben werden. „Oje, sind das viele Aufgaben!“ seufzt Vanessa. Herr Jung beruhigt sie: „Du musst nicht alle Aufgaben lösen, sondern jedes Gruppenmitglied bearbeitet einen Teil und anschließend stellst du dann deiner Gruppe die Aufgaben vor, die du gerechnet hast. Dann ist z. B. Julian dran usw.“ „Gut,“ überlegt Mirco, „wir teilen die Aufgaben so auf, dass jeder gleich viele hat, ok?“

a) Karla antwortet: „Ja, das ist gerecht, so machen wir es. Jeder bekommt also 4 Aufgaben.“ Wie viele Aufgaben hat Herr Jung der Gruppe insgesamt gegeben?

____

b) Fülle die Tabelle aus. Was haben die Zahlen in der unteren Zeile gemeinsam?

Aufgaben pro Schüler/Schülerin	1	2	3	4	5	6	7
Aufgaben insgesamt							

____

c) In einer Dreiergruppe sagt Uli: „Bei uns ist es gar nicht möglich, die Aufgaben so aufzuteilen, dass jeder gleich viel bearbeiten muss.“ Was weißt du über die Gesamtanzahl der Aufgaben von Ulis Gruppe?

____

____

58 ★☆☆ Teiler und Teilbarkeit

Stimmen die folgenden Aussagen? Berichtige, wenn nötig.

a) 84 ist durch 6 teilbar.

b) 9 ist ein Teiler von 27.

c) 144 ist ein Teiler von 12.

d) 15 teilt die Zahl 5.

____

57) a) 16; **b)** (von links nach rechts:) 4; 8; 12; 16; 20; 24; 28; sie sind alles Vielfache von 4 (Viererreihe);
c) Die Gesamtanzahl kann nicht durch drei teilbar sein.
58) a) und **b)** sind richtig, **c)** und **d)** nicht. *Berichtigung:* **c)** 12 ist ein Teiler von 144 oder 144 ist ein Vielfaches von 12 oder 144 ist teilbar durch 12 oder 12 teilt 144. **d)** 5 ist ein Teiler von 15 oder 15 ist ein Vielfaches von 5 oder 15 ist teilbar durch 5 oder 5 teilt 15.

59 ★☆☆ Teilersuche I

Finde alle Teiler von den folgenden Zahlen:

a) 24: ______________________________

b) 19: ______________________________

c) 36: ______________________________

d) 48: ______________________________

e) 99: ______________________________

Welches ist die kleinste Zahl kleiner 100, die 12 Teiler besitzt?

____

Was ist bei 19 anders als bei den anderen Zahlen? Wie heißen solche Zahlen?

____

____

60 ★★☆ Teilersuche II

Schau dir genau die Teiler an, die du bei Kurztest 59 gefunden hast. Was stellst du fest? (Es gibt hier mehrere Möglichkeiten für Entdeckungen.)

____

____

____

____

____

____

____

59) a) 1; 2; 3; 4; 6; 8; 12; 24; **b)** 1; 19; **c)** 1; 2; 3; 4; 6; 9; 12; 18; 36; **d)** 1; 2; 3; 4; 6; 8; 12; 16; 24; 48; **e)** 1; 3; 9; 11; 33; 99.
Die kleinste Zahl mit 12 Teilern ist 60. *Besonderheit:* 19 hat nur zwei Teiler, nämlich die 1 und sich selbst.
Solche Zahlen nennt man Primzahlen.

60) Man kann z.B. sehen, dass alle Teiler von 24 auch Teiler von 48 sind. Dies liegt daran, dass 48 ein Vielfaches von 24 ist. Man sieht auch, dass 24; 36 und 48 viele Teiler besitzen, was auch daran liegt, dass sie alle Vielfache von 12 sind und die 12 wiederum viele Teiler besitzt. Gerade Zahlen scheinen in der Regel auch mehr Teiler zu haben als ungerade, da sie immer durch 2 teilbar sind. Allerdings kann man das bislang nur vermuten und nicht sicher wissen!

61 ★★☆ Primzahl oder nicht?

Kreise alle Primzahlen ein. (Vereinbarung: die Zahl 1 ist keine Primzahl.)

76	23	9	51	91
2	17	21	27	45
1	97	59	57	62
11	87	81	75	30

62 ★★☆ Entdeckungen an Primzahlen

a) Nimm ein Blatt kariertes Papier und zeichne ein Rechteck, in dem 12 Kästchen „eingeschlossen" sind. (Man sagt auch, es hat den Flächeninhalt 12 Kästchen.) Zeichne weitere Rechtecke mit dem gleichen Flächeninhalt. Wie viele unterschiedliche Lösungen findest du, wenn nur ganze Kästchen zugelassen sind?

b) Zeichne möglichst viele Rechtecke mit dem Flächeninhalt 19 Kästchen, mit 24 Kästchen und mit 48 Kästchen. Vergleiche mit Kurztest 59. Was stellst du fest?

c) Zu welchen Zahlen aus Kurztest 61 könntest du mehr als eine Variante finden?

63 ★★☆ Primfaktorzerlegung

Wenn man eine Zahl als Produkt mit möglichst kleinen Faktoren schreibt, hat man die Zahl in ihre Primfaktoren zerlegt. Meistens ordnet man die Faktoren der Größe nach.
Beispiel: **$12 = 2 \cdot 6 = 2 \cdot 2 \cdot 3$.**

Zerlege die folgenden Zahlen wie im Beispiel in ihre Primfaktoren:

a) 42 = ____________________

b) 90 = ____________________

c) 31 = ____________________

d) 120 = ____________________

e) 64 = ____________________

61) Primzahlen sind: 23; 2; 17; 97; 59; 11

62) a) Drei unterschiedliche Lösungen: Seitenlängen 1 und 12; 2 und 6; 3 und 4; **b)** Es gib nur ein Rechteck mit dem Flächeninhalt 19 Kästchen (Seitenlängen 1 und 19), es gibt vier mit dem Flächeninhalt 24 Kästchen (Seitenlängen 1 und 24; 2 und 12; 3 und 8; 4 und 6) und fünf für ein Rechteck mit Flächeninhalt 48 Kästchen (1 und 48; 2 und 24; 3 und 16; 4 und 12; 6 und 8). Die Seitenlängen der Rechtecke sind gerade die Teiler der Flächeninhaltszahlen.
c) Zu allen, die keine Primzahlen sind

63) a) $42 = 6 \cdot 7 = 2 \cdot 3 \cdot 7$; **b)** $90 = 9 \cdot 10 = 3 \cdot 3 \cdot 2 \cdot 5 = 2 \cdot 3 \cdot 3 \cdot 5$; **c)** $31 = 1 \cdot 31$ (Primzahl)
d) $120 = 2 \cdot 60 = 2 \cdot 2 \cdot 30 = 2 \cdot 2 \cdot 2 \cdot 15 = 2 \cdot 2 \cdot 2 \cdot 3 \cdot 5$; **e)** $64 = 4 \cdot 16 = 2 \cdot 2 \cdot 2 \cdot 2 \cdot 2 \cdot 2$

64 ★☆☆ Endziffern verraten viel!

Ergänze den Text mit den beiden Elementen. (Ein Element kommt zweimal vor!)

die letzte Ziffer der Zahl – ihre letzten beiden Ziffern

a) Eine Zahl ist durch 2 teilbar, wenn ______________________________

______________________________ durch 2 teilbar ist/sind.

b) Eine Zahl ist durch 4 teilbar, wenn ______________________________

______________________________ durch 4 teilbar ist/sind.

c) Eine Zahl ist durch 5 teilbar, wenn ______________________________

______________________________ durch 5 teilbar ist/sind.

65 ★☆☆ Quersummenregel

a) Bilde die Quersumme der folgenden Zahlen, indem du jeweils alle Ziffern der Zahl addierst:

Quersumme von 18: ______________ Quersumme von 99: ______________

Quersumme von 467: ______________ Quersumme von 2839: ______________

b) Formuliere die Quersummenregeln für 3 und 9.

Eine Zahl ist durch 3 teilbar, wenn ______________________________

____

____

Eine Zahl ist durch 9 teilbar, wenn ______________________________

____

____

c) Gib jeweils eine dreistellige Zahl an, für die eine der Regeln aus b) gilt.

____

64) a) die Ziffer der Zahl durch 2 teilbar ist; **b)** die Zahl aus den letzten beiden Ziffern durch 4 teilbar ist; **c)** die letzte Ziffer der Zahl durch 5 teilbar ist.
65) a) 9; 18; 17; 22; **b)** Eine Zahl ist durch 3 teilbar, wenn ihre Quersumme durch 3 teilbar ist. Eine Zahl ist durch 9 teilbar, wenn ihre Quersumme durch 9 teilbar ist. **c)** Beispiel für Teilbarkeit durch drei: 246; 993; … Beispiel für Teilbarkeit durch neun: 819; 684; …

66 ★★☆ Teilersuche bei großen Zahlen

Finde alle Teiler der Zahlen in der linken Spalte mithilfe der Teilbarkeitsregeln. Mache ein Kreuz für „ja“ und einen Strich für „nein“.

Zahl	Teilbar durch 2	Teilbar durch 3	Teilbar durch 4	Teilbar durch 5	Teilbar durch 9	Teilbar durch 10
3455						
38 399 952						
10 000 000						
3 039 219						
729 984						
1 293 025						
12 385 111						
777777						

67 ★★★ Zahlen auf der Spur

Vielleicht kennst du bereits die Begriffe ggT und kgV. Aber auch wenn nicht, kannst du diese Aufgaben durch Ausprobieren angehen – nur Mut.

a) Finde die kleinste Zahl, die durch 4 und durch 3 teilbar ist. ______

b) Finde die kleinste Zahl, die durch 5, durch 9 und durch 4 teilbar ist. ______

c) Finde die größte Zahl, die Teiler von 100 und von 36 ist. ______

d) Finde die größte Zahl, die die Zahlen 144, 48 und 1200 teilt. ______

66) 3455: teilbar durch fünf; 38 399 952: teilbar durch zwei, drei und vier; 10 000 000: teilbar durch zwei, vier, fünf und zehn; 3 039 219: teilbar durch drei und neun; 729 984: teilbar durch zwei, drei und vier; 1 293 025: teilbar durch fünf; 12 385 111: teilbar durch keine der Zahlen; 777777: teilbar durch drei
67) a) 12; **b)** 180; **c)** 4; **d)** 48

68 ★☆☆ Magische Quadrate

Ein magisches Quadrat ist ein Quadrat aus lauter Zahlen, in dem die Summe der Spalten, Zeilen und Diagonalen jeweils gleich ist. Diese Summe heißt **magische Summe**.

Sind diese Zahlenquadrate auch magische Quadrate? (Die einzelnen Ziffern dürfen mehrfach vorkommen.) Notiere die magische Summe, falls es eine gibt:

a)

1	0	2	0
0	1	0	2
2	0	1	0
0	2	0	1

b)

1	3	4	2
2	4	3	1
3	1	2	4
4	2	1	3

69 ★★☆ Besondere magische Quadrate

Es gibt auch ganz besondere und sogar berühmte magische Quadrate. Hier lernst du noch weitere kennen, z. B. bei a) ein magisches Quadrat aus dem 16. Jahrhundert:

Vervollständige zu magischen Quadraten. Berechne bei a) die magische Summe:

a)

16	3		13
	10	11	
		7	12
4			1

b) Dies ist ein magisches Quadrat mit allen Zahlen von 1 bis 9:

6		
	9	4

Magische Summe: 15

68) a) Kein magisches Quadrat wegen der beiden Diagonalen; **b)** Magisches Quadrat mit der magischen Summe 10
69) a) Zeile 1: 2; Zeile 2: 5; 8; Zeile 3: 9; 6; Zeile 4: 15; 14; magische Summe: 34;
b) Zeile 1: 1; 8; Zeile 2: 7; 5; 3; Zeile 3: 2

70 ★★☆ Zauberquadratwerkstatt

Multipliziere alle Zahlen des angegebenen magischen Quadrats mit 2. Trage die Lösungen in das rechte Quadrat ein.

a) Erhältst du wieder ein magisches Quadrat? Was fällt dir auf, wenn du die beiden magischen Summen vergleichst? Woran liegt das?

b) Wenn du zu dem linken Zauberquadrat das rechte hinzuaddieren würdest, käme dann wieder ein magisches Quadrat raus? Was wäre wohl die neue magische Summe?

1	15	8	10
12	6	13	3
14	4	11	5
7	9	2	16

Alles mit 2 multipliziert ergibt:

71 ★★★ Magie?

Bei einem Zauberquadrat, in dem alle Zahlen von 1 bis 9 einmal vorkommen, ist die magische Summe immer 15. Ist das Magie – oder findest du eine Erklärung?

70) a) Ja; die neue mag. Summe ist 68, sie wurde also ebenfalls verdoppelt. Wegen dem Distributivgesetz gilt: es ist gleichwertig, ob man erst addiert und dann die Summe multipliziert oder zuerst alle Summanden multipliziert und die Produkte addiert. **b)** Ja, neue mag. Summe wäre 102, also 34 + 68

71) Wenn man alle Zahlen von 1 bis 9 addiert, erhält man 45. Da in jeder Zeile, Spalte und Diagonalen drei Zahlen stehen und die Summe gleich sein muss, teilt man 45 durch 3 und erhält 15 für jede Zeile, Spalte und Diagonale.

72 ★☆☆ Negativ oder positiv?

Bis jetzt hatten wir es mit natürlichen Zahlen, also mit den positiven Zahlen ohne Komma und der Null zu tun. Aber wer im Winter schon mal einen Wetterbericht gehört hat, weiß: Es gibt auch negative Zahlen! Die negativen Zahlen ohne Komma bilden zusammen mit den natürlichen Zahlen und der Null* die so genannten ganzen Zahlen.

Schreibe die Zahlen jeweils in die richtige Spalte. (Mehrfachnennungen erlaubt!)

9769 4 6,4 −9 12

0 −7986 1000 −2 17 1

−1000097 −15 12,9382 −7 0,4

Negative Zahlen	Natürliche Zahlen	Ganze Zahlen

* In manchen Büchern wird die Null nicht zu den natürlichen Zahlen gezählt. Wenn du dir nicht sicher bist, frage besser noch einmal nach, wie es bei dir gehandhabt wird.

73 ★★☆ Zahlenstrahl

Um zu entscheiden, ob eine Zahl größer ist als eine andere, kann man ihre Positionen am Zahlenstrahl vergleichen: die Zahl, die auf dem Zahlenstrahl weiter rechts liegt, ist die größere.

Erstelle auf Karopapier einen 10 cm langen Zahlenstrahl und trage die angegebenen Zahlen ein. Achte auf eine geeignete Einteilung.

−7 −10 −4 −2 3 5 −1 0 9

72) Negative Zahlen: −9; −7986; −2; −1 000 097; −15; −7; Natürliche Zahlen: 9769; 4; 12; 0; 1000; 17; 1; Ganze Zahlen: alle Zahlen aus den beiden ersten Spalten

73) Skizze (nicht maßstabsgetreu)

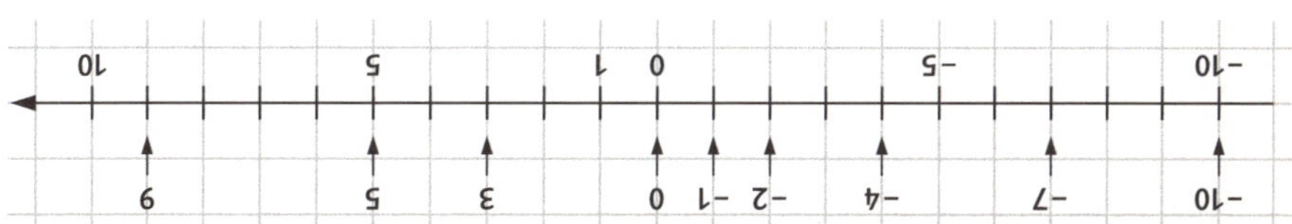

74 ★☆☆ Größer oder kleiner?

Vergleiche jeweils die Zahlenpaare und setze < oder > in die Lücken.

a) −8 ______ −9   −100 ______ −1000   −1 ______ 0

b) 5 ______ 6   −199 ______ 200   10 ______ −10

c) −17 ______ −16   10 000 ______ −100 000   −31 ______ −32

d) 31 ______ 32   3 ______ 2 000 000   −100 ______ 99

Welche Zahl liegt auf dem Zahlenstrahl genau so weit von der 0 entfernt wie −3?

____

75 ★★☆ Ganz schön kalt

a) Diese Temperaturen (in Grad Celsius) wurden alle am gleichen Wintertag gemessen. Ordne sie der Größe nach. Beginne mit dem niedrigsten Wert.

Berlin: −8°	München: −11°	Köln: 1°	Mainz: −1°
Hamburg: −3°	Hannover: −5°	Freiburg: 0°	Kiel: −2°
Frankfurt: −2°	Essen: −4°	Jena: −6°	Bonn: 2°

____

____

**b) Wo war es am kältesten? Wo am wärmsten?
Wie groß war der Unterschied zwischen der höchsten und der niedrigsten Temperatur?**

____

____

____

74) a) −8 > −9; −100 > −1000; −1 < 0; **b)** 5 < 6; −199 < 200; 10 > −10; **c)** −17 < −16; 10 000 > −100 000; −31 > −32;
d) 31 < 32; 3 < 2 000 000; −100 < 99; Die 3 liegt genau so weit von der Null entfernt wie −3.
75) a) −11° < −8° < −6° < −5° < −4° < −3° < −2° < −2° < −1° < 0° < 1° < 2°;
b) Am kältesten war es in München (−11°), am wärmsten in Bonn (2°); Temperaturunterschied: 13°

76 ★★☆ Richtig oder falsch?

Notiere, welche Aussagen richtig sind und berichtige die falschen.

a) Positive Zahlen sind manchmal größer als negative.

b) −5 ist größer als −2, da 5 ja auch größer ist als 2.

c) Das Vorzeichen darf man nur bei positiven Zahlen (und der Null) weglassen.

77 ★☆☆ Liftboy Theo

Theo ist ein Liftboy in einem großen Hotel in Frankfurt am Main. Er begleitet Gäste, wenn sie den Lift benutzen. Wie viel Stockwerke legt Theo jeweils zurück, wenn er …

a) … Herrn Wichtig vom 5. Stock in das Erdgeschoss bringt?

b) … Maria und Herrmann Urlaub von der Tiefgarage im 2. Untergeschoss zu der Saunalandschaft im 12. Stock begleitet?

c) … Frau Weitblick aus der Luxussuite im 16. Stock zu ihrer Massage im 1. Untergeschoss fährt?

76) a) Nicht nur manchmal, sondern immer! **b)** Falsch. Bei den negativen Zahlen verhält es sich genau andersherum als bei natürlichen Zahlen: −5° sind nicht mehr als −2°, sondern 3° weniger! **c)** Richtig.
77) a) 5; **b)** 14; **c)** 17

78 ★★☆ Einnahmen – Ausgaben

Welcher Term passt zu welcher Aussage? Verbinde. Welche Aufgaben fallen dir schon leicht und bei welchen musst du noch überlegen?

Aussage	Term
a) Frau Schuftig hatte gestern noch einen Kontostand von −32 €, aber heute hat sie 460 € überwiesen bekommen.	(1) −460 € + 32 €
b) Karl hat 460 € auf seinem Konto. Er kauft sich eine DVD-Box für 32 €.	(2) −32 € + 460 €
c) Eva kauft ein neues Fahrrad für 460 €. Allerdings bekommt sie 32 € zurückerstattet, da der Fahrradkorb defekt ist.	(3) −460 € − 32 €
d) Herr Schlucker hat bei der Bank 460 € Schulden. Dann muss er auch noch die Telefonrechnung in Höhe von 32 € bezahlen.	(4) 460 € − 32 €

79 ★☆☆ Positive Zahlen am Zahlenstrahl

Fülle die Lücken aus.

Das Addieren und Subtrahieren einer positiven Zahl kann man sich am Zahlenstrahl veranschaulichen. Z. B. bei dem Term $-4+6$ sieht das so aus: Man startet bei -4 und geht um 6 Einheiten nach ________________, da man die 6 addiert. So „landet“ man bei ______________. Neu ist bei den ganzen Zahlen, dass der Startwert ein ______________ Vorzeichen haben kann und dass beim Rechnen die ________________ überschritten werden kann. Bei dem Term $10-18$ geht man vom Startwert 10 aus um ________________ Einheiten nach ________________, da man 18 subtrahiert. Das Ergebnis muss ein ________________ Vorzeichen haben, da ________________.

78) a) passt zu (2), **b)** zu (4), **c)** zu (1) und **d)** zu (3). Vermutlich ist Term (4) am leichtesten, da der Subtrahend kleiner ist als der positive Minuend. Term (2) ist gleichwertig zu Term (4), wenn du zuerst vertauschst.
79) rechts; 2; negatives; Null; 18; links; negatives; die Null überschritten wird bzw. da 18 > 10.

80 ★★☆ Über die Null beim Subtrahieren

Die Lösung ist negativ, wenn der Minuend größer ist als der Subtrahend.

a) $14-7=$ ______ $7-14=$ ______ $73-45=$ ______

b) $293-300=$ ______ $1343-1342=$ ______ $1-19=$ ______

c) $192-189=$ ______ $12-24=$ ______ $3-4=$ ______

d) $17-37=$ ______ $39-130=$ ______ $56-74=$ ______

81 ★★☆ Über die Null beim Addieren

Die Lösung ist negativ, wenn der Subtrahend größer als der Summand ist.

a) $-14+16=$ ______ $-45+40=$ ______ $-1+2=$ ______

b) $-193+301=$ ______ $-301+301=$ ______ $-17+3=$ ______

c) $-210+10=$ ______ $-354+360=$ ______ $-35+64=$ ______

d) $-78+39=$ ______ $-39+78=$ ______ $-5+15=$ ______

82 ★★☆ Geschicktes Rechnen

Berechne. Was fällt dir auf? (1) $14-17$ (2) $-17+14$ (3) $-(17-14)$

______

______

Nutze deine Entdeckung und berechne vorteilhaft im Kopf:

a) $-63+83=$ ______ $-254+54=$ ______ $43-75=$ ______

b) $-34+14=$ ______ $-21+43=$ ______ $-622+42=$ ______

c) $-(19-49)=$ ______ $-(12-54)=$ ______ $-(76-100)=$ ______

80) a) 7; −7; 28; **b)** −7; 1; −18; **c)** 3; −12; −1; **d)** −20; −91; −18

81) a) 2; −5; 1; **b)** 108; 0; −14; **c)** −200; 6; 29; **d)** −39; 39; 10

82) Es kommt bei (1), (2) und (3) jeweils das gleiche Ergebnis heraus. Also: Man kann sich immer die geschickteste Variante heraussuchen und den Term vor dem Berechnen entsprechend umwandeln. Wichtig ist beim Vertauschen, dass man das Vorzeichen der Zahlen „mitnimmt".
a) 20; −200; −32; **b)** −20; 22; −580; **c)** 30; 42; 24

83 ★★☆ Negative Zahlen am Zahlenstrahl

Fülle die Lücken aus.

Das Addieren und Subtrahieren einer negativen Zahl kann man sich – wie schon bei den positiven Zahlen – ebenfalls am **Zahlenstrahl** vorstellen.

Vorüberlegungen:

$9-2=$ ______ $9-1=$ ______ $9-0=$ ______ $9-(-1)=$ ______

$-6+2=$ ______ $-6+1=$ ______ $-6+0=$ ______ $-6+(-1)=$ ______

Wir betrachten die letzte Spalte und stellen uns die Rechnung am Zahlenstrahl vor.

Zuerst $9-(-1)=10$ **(Subtraktion einer negativen Zahl)**: Man startet bei 9 und geht um 1 Einheit nach ______ , da die Differenz offenbar immer ______ wird, wenn der Subtrahend abnimmt.

Bei $-6+(-1)=-7$ **(Addition einer negativen Zahl)** verhält es sich gerade andersrum: Man geht vom Startwert -6 aus um eine Einheit nach ______ , da die Summe immer ______ wird, wenn man den zweiten Summanden verkleinert.

84 ★☆☆ So was Negatives!?

Berechne im Kopf. Beachte: Nur einige Ergebnisse sind negativ. Überrascht?

a) $9-(-9)=$ ______ $18-(-9)=$ ______ $27-(-9)=$ ______

b) $6-(-6)=$ ______ $6-(-5)=$ ______ $6-(-4)=$ ______

c) $-7-(-14)=$ ______ $-7-(-7)=$ ______ $-7-(-0)=$ ______

d) $-13+(-13)=$ ______ $-13-(-13)=$ ______ $-13+(-10)=$ ______

e) $-54-(-50)=$ ______ $-54+(-50)=$ ______ $-54+(-4-50)=$ ______

83) Erste Zeile: 7; 8; 9; 10; zweite Zeile: −4; −5; −6; −7; rechts, größer, links, kleiner
84) a) 18; 27; 36; **b)** 12; 11; 10; **c)** 7; 0; −7; **d)** -26; 0; -23; **e)** −4; −104; −108

85 ★★☆ Vom Text zum Term

Erstelle einen passenden Term und berechne die Lösung. (Tipp: Eine Differenz berechnest du, indem du die kleinere von der größeren Zahl abziehst.)

a) Subtrahiere die Differenz der Zahlen 28 und 17 von der Differenz von 102 und 99.

(28 − 17) (102 − 99)

Lösung: (102 − 99) − (28 − 17)

= 3 − 11

=

b) Subtrahiere die Summe von 54 und 72 von der Differenz der Zahlen −28 und −63.

Lösung:

86 ★★☆ Vom Term zum Text

Berechne die Lösung und gib den Term als sprachlichen Ausdruck an.

a) $(39-15)-(39+73)$

b) $(24+(-89))-(76-45)$

85 a) $(102-99)-(28-17)=3-11=-8$; **b)** $(-28-(-63))-(54+72)=(-28+63)-(54+72)=35-126=-91$

86 a) … $=24-112=-88$;
Sprachlicher Ausdruck: Subtrahiere die Summe von 39 und 73 von der Differenz der Zahlen 39 und 15.
b) … $=(24-89)-(76-45)=-65-31=-96$;
Sprachlicher Ausdruck: Subtrahiere die Differenz der Zahlen 76 und 45 von der Summe der Zahlen 24 und −89.

87 ★★☆ Nur nicht den Überblick verlieren!

Wie du schon weißt, haben **negative Zahlen** ein **Minus als Vorzeichen** und **positive Zahlen** ein **Plus**, wobei man das positive Vorzeichen weglassen kann. Wenn wir nun mit diesen Zahlen addieren und subtrahieren, benötigen wir zudem noch die **Rechenzeichen Minus und Plus**. Das ist zunächst sicher ungewohnt, aber es gibt zum Glück Regeln, die das „Zusammentreffen" von Vorzeichen und Rechenzeichen vereinfachen:

Jeweils drei Satzteile (aus jeder Spalte eins) gehören zusammen. Welche?

a) Rechenzeichen + trifft auf Vorzeichen +	e) daraus wird das Rechenzeichen −	i) Beispiel: $16+(-4)=16-4$
b) Rechenzeichen + trifft auf Vorzeichen −	f) daraus wird das Rechenzeichen +	j) Beispiel $99-(+9)=99-9$
c) Rechenzeichen − trifft auf Vorzeichen +	g) daraus wird das Rechenzeichen +	k) Beispiel: $22-(-8)=2+8$
d) Rechenzeichen − trifft auf Vorzeichen −	h) daraus wird das Rechenzeichen −	l) Beispiel: $10+(+7)=10+7$

88 ★★☆ Terme vereinfachen

Vereinfache die folgenden Terme und berechne das Ergebnis. Berücksichtige dabei die Regeln aus Kurztest 87.

a) $25-(+15)+(-2)-(-82)+(+54)-(+72)+(-70)-(-18)$

= ______________________________

b) $99+(-39)-(-39)-(+87)-(-28)+(+62)-(+101)-(-9)$

= ______________________________

87) Es gehören zusammen: **a) f)** [oder g)] **l)**; **b) h)** [oder e)] **i)**; **c) e)** [oder h)] **j)**; **d) g)** [oder f)] **k)**

88) a) … $=25-15-2+82+54-72-70+18=20$; **b)** … $=99-39+39-87+28+62-101+9=10$

89 ★★☆ Bankrott bist du flott …

Svenja und Gerri spielen gern das Brettspiel *Bankrott bist du flott*. Es gibt **Guthaben-Felder** und **Schulden-Felder**.
Auf einem **Guthaben-Feld** bekommt man eine **grüne Karte**, auf der z. B. steht: „Glückwunsch! Die Firma läuft gut. Du bekommst 10 000 € auf dein Konto überwiesen."
Bei einem **Schulden-Feld** bekommt man eine **rote Karte** mit einem Text wie „Schade, ein guter Kunde ist abgesprungen. Zahle 5 000 € an die Bank."
Am Ende des Spiels muss jeder Mitspieler seinen endgültigen Kontostand berechnen. Gewonnen hat der Spieler mit dem höchsten Kontostand.

Gerri hat insgesamt **13 grüne Kärtchen**: zwei mit 10 000 €, drei mit 5000 €, sieben mit 2000 € und eins mit 15 000 €. Seine **sieben roten Kärtchen** sind so verteilt: auf drei roten Kärtchen steht der Betrag 15 000 €, dann hat er noch zwei mit 2500 €, eins mit 10 000 € und eins mit 5000 €.

Auf drei von Svenjas **zehn grünen Kärtchen** steht der Betrag 1000 €, auf vier grünen Kärtchen steht 15 000 € und auf den restlichen sind 5000 € eingetragen. Sie hat **14 rote Karten**; sechs mit 2000 €, drei mit 10 000 €, vier mit 5000 € und eine mit 15 000 €.

a) Schätze zuerst, wer wohl gewonnen hat. Berechne dann die endgültigen Kontostände von Gerri und Svenja. Stelle dafür geeignete Terme auf.

b) Wer von beiden hat nun tatsächlich gewonnen? Vergleiche mit deiner Schätzung. Wie groß ist der Unterschied zwischen den beiden Kontoständen?

89) a) Gerris Kontostand insgesamt:
2 · 10 000 € + 3 · 5000 € + 7 · 2000 € + 15 000 € + 3 · (−15 000 €) + 2 · (−2500 €) + (−10 000 €) + (−5000 €)
= 20 000 € + 15 000 € + 14 000 € + 15 000 € + (−45 000 €) + (−5000 €) + (−10 000 €) + (−5000 €)
= 64 000 € + (−65 000 €) = 64 000 € − 65 000 € = −1000 €.

Svenjas Kontostand insgesamt:
3 · 1000 € + 4 · 15 000 € + 3 · 5000 € + 6 · (−2000 €) + 3 · (−10 000 €) + 4 · (−5000 €) + (−15 000 €)
= 3000 € + 60 000 € + 15 000 € + (−12 000 €) + (−30 000 €) + (−20 000 €) + (−15 000 €)
= 78 000 € + (−77 000 €) = 1000 €.

b) Svenja hat gewonnen; sie hat am Schluss 2000 € mehr als Gerri.

90 ★★☆ Punktrechnung mit ganzen Zahlen

Verbinde die Kästchen, die zusammengehören.

a) + mal + bzw. + geteilt durch + …	e) … gibt −	i) z. B.: $10 \cdot 4 = 40$ bzw. $20 : 4 = 5$
b) + mal − bzw. + geteilt durch − …	f) … gibt −	j) z. B.: $7 \cdot (-9) = -63$ bzw. $100 : (-20) = -5$
c) − mal + bzw. − geteilt durch + …	g) … gibt +	k) z. B.: $(-12) \cdot (-8) = 96$ bzw. $(-64) \cdot (-16) = 4$
d) − mal − bzw. − geteilt durch − …	h) … gibt +	l) z. B.: $(-10) \cdot 4 = -20$ bzw. $(-8) : 2 = -4$

Fazit: Multipliziert oder dividiert man zwei Zahlen mit **gleichem Vorzeichen**, ist ihr Produkt bzw. der Quotient ____________________; multipliziert oder dividiert man zwei Zahlen mit **unterschiedlichem Vorzeichen**, ist ihr Produkt bzw. der Quotient ____________________.

91 ★★☆ Kopfrechnen

Berechne die Ergebnisse im Kopf.

a) $9 \cdot (-3) =$ ____________ $(-9) \cdot (-3) =$ ____________ $(-9) \cdot 3 =$ ____________

b) $81 : (-9) =$ ____________ $(-81) : 9 =$ ____________ $(-81) : (-9) =$ ____________

c) $32 : 4 =$ ____________ $(-32) : 4 =$ ____________ $(-32) : (-4) =$ ____________

d) $(-4) \cdot 12 =$ ____________ $4 \cdot (-12) =$ ____________ $(-4) \cdot (-12) =$ ____________

e) $(-7) \cdot (-7) =$ ____________ $7 \cdot 7 =$ ____________ $(-7) \cdot (-7) : (-7) =$ ____________

90) Es gehören zusammen: **a) g)** [oder h)] **i); b) e)** [oder f)] **j); c) f)** [oder e)] **l); d) h)** [oder g)] **k);**
positiv; negativ

91) a) −27; 27; −27; **b)** −9; −9; 9; **c)** 8; −8; 8; **d)** −48; −48; 48; **e)** 49; 49; −7

92 ★★☆ Punkt vor Strich – erinnerst du dich?

Du erinnerst dich noch an die Rechengesetze und die Rechenregeln bei natürlichen Zahlen, z. B. an die Regel „Punkt vor Strich"? Gut, denn bei den ganzen Zahlen gelten diese Regeln auch. Hier sind ein paar Aufgaben, an denen du dein Erinnerungsvermögen testen kannst. Falls du dir nicht ganz sicher bist, gehe die entsprechenden Aufgaben noch einmal durch.

a) $(-7) \cdot 8 - 84 =$ ________________

b) $89 + 12 \cdot (-9) =$ ________________

c) $(-1) \cdot 2 - (-1) =$ ________________

d) $(-35) + (-35) : (-1) =$ ________________

e) $(-24) + (-6) \cdot (-4) =$ ________________

f) $39 \cdot (-10) + 1 =$ ________________

g) $(-4) + (-8) : 2 =$ ________________

h) $78 : 3 - (-24) =$ ________________

i) $80 + (-7) : 7 =$ ________________

93 ★★☆ Klammern haben Vorfahrt

Auch hier gelten die Rechenregeln der natürlichen Zahlen. Kannst du sie noch?

a) $(-4) \cdot (9 + 12) =$ ________________

b) $2 \cdot 9 - (-5 - 35) =$ ________________

c) $86 : ((-4) : 2) =$ ________________

d) $(-17) - (-24 + (-13)) \cdot (-1) =$ ________________

92) a) −140; b) −19; c) −1; d) 0; e) 0; f) −389; g) −8; h) 50; i) 79
93) a) −84; b) 58; c) −43; d) −54

94 ★★★ Vereinfachen von Termen

Diese Terme sind ziemlich „verschachtelt". Gelingt es dir, sie zu vereinfachen und ihren Wert zu berechnen?

a) $((-45)-(-5)):(2+(+3)) =$ ______________________

____

b) $15 + ((-36):(-3)):4 =$ ______________________

____

c) $(20-(-8)) - (-76-24-5\cdot(-12)):2 =$ ______________________

____

d) $21 - (-35-25-(36-(+12))):(-12)\cdot 3 =$ ______________________

____

95 ★★☆ Gute Vorzeichen!

Bestimme zuerst das Vorzeichen (VZ) der Ergebnisse, dann findest du das Endergebnis leichter, indem du nur die Zahlenwerte ohne das Vorzeichen von links nach rechts multiplizierst bzw. dividierst.

a) $(-5)\cdot 6\cdot(-9):2\cdot(-5)\cdot(-1)\cdot 4:100\cdot(-2)\cdot(-10):(-60)\cdot 2 =$

____

b) $(-15)\cdot(-10)\cdot 2\cdot(-3):9:(-5)\cdot(-10)\cdot 2\cdot(-10):(-10):(-40) =$

____

c) $9:(-3)\cdot(-100):(-50)\cdot(-20):(-40)\cdot(-3)\cdot 5:(-9)\cdot(-10):(-5) =$

____

94) a) $\ldots = (-45+5):(2+3) = (-40):5 = -8$; **b)** $\ldots = 15 + 12:4 = 15+3 = 18$;
c) $\ldots = (20+8) - (-100-(-60)):2 = 28 - (-40):2 = 28 - (-20) = 28 + 20 = 48$;
d) $\ldots = 21 - (-60 - (36 - 12)):(-12)\cdot 3 = 21 - (-60 - 24):(-12)\cdot 3 = 21 - (-84):(-12)\cdot 3 = 21 - 7\cdot 3 = 21 - 21 = 0$
95) a) -18; **b)** 10; **c)** -10

96 ★★★ Zahlenrätsel I

Jana, Jona und Juno spielen „Ich denke mir eine Zahl“. Findest du die Lösung?

a) Jana: „Wenn ich die gedachte Zahl mit −4 multipliziere und zu dem Ergebnis −12 addiere, erhalte ich −4.“

____

b) Jona: „Meine gedachte Zahl dividiere ich durch −5. Wenn ich nun von dem Ergebnis −13 subtrahiere, erhalte ich 10.“

____

c) Juno: „Die gedachte Zahl multipliziere ich mit −4 und das Ergebnis teile ich durch −1. Ich erhalte eine Zahl, die doppelt so groß ist wie das Doppelte der gedachten Zahl.“

____

97 ★★☆ Zahlenrätsel II

a) Stelle zu den Rätseln in Kurztest 96 Terme auf. Verwende x als Platzhalter.

____

____

b) Warum ist Junos Aufgabe nicht eindeutig und hat viele Lösungen?

____

____

____

96) a) −2; **b)** 15; **c)** Jede Zahl ist eine richtige Lösung. Probiere es aus!

97) a) Jana: $x \cdot (-4) + (-12) = -4$; Jona: $x : (-5) - (-13) = 10$; Juno: $(x \cdot (-4)) : (-1) = 2 \cdot 2 \cdot x$

b) Anhand des Terms sieht man: auf der rechten Seite steht nach Vereinfachung $4 \cdot x$. Links darf man die Klammern weglassen, da es nur Punktrechnungen gibt, und da Minus durch Minus wieder Plus ergibt, steht links ebenfalls $4 \cdot x$. Egal was man also für x einsetzt, die Gleichung stimmt immer!

98 ★★☆ Zahlenreihen

Setze die Zahlenreihen fort. Notiere die Rechenvorschriften.

a) 3; 6; 12; 24; 48; ____________ Vorschrift: ____________

b) 4; 1; −2; −5; −8; ____________ Vorschrift: ____________

c) −146; −138; −130; ____________ Vorschrift: ____________

d) 4; −4; 4; −4; 4; ____________ Vorschrift: ____________

e) 3; −30; 300; ____________ Vorschrift: ____________

99 ★★☆ Viele Höhenmeter

Annika und Hannes machen mit den Pfadfindern eine Trekking-Tour. Sie sind mit dem Zelt unterwegs und stellen abends beim Lagerfeuer fest, dass die heutige Tagestour besonders anstrengend war.
Hannes überlegt: „Also, eigentlich ist das komisch, dass wir so geschafft sind heute – wir sind bei der Haldenhütte gestartet, und die ist immerhin 1090 m hoch gelegen, und jetzt sind wir beim Fischbach auf 730 m. Das ist doch viel weiter unten!“
Annika meint: „Aber darauf kommt es ja eigentlich gar nicht an!“

a) Was meint Annika damit? Wie groß ist die Höhenmeterdifferenz insgesamt?

____

____

____

Sie schauen auf der Karte nach: „Aha“, meint Hannes, „da waren wir heute also schon: Zuerst sind wir hoch auf den Kälberpass (1150 m), dann ging es rasant runter nach Himmelsdorf (810 m), dann kam der steile Aufstieg auf den Hornbuckel (1220 m). Und am Schluss mussten wir noch das Fischbachtal (690 m) durchqueren, bevor wir hier zum Rastplatz kamen.“ „Wahnsinn“, meint Annika, „kein Wunder, dass die Würstchen heute doppelt so gut schmecken wie sonst!“

b) Wie viele Höhenmeter hat die Gruppe heute insgesamt zurückgelegt? Wie viele davon waren Anstieg, wie viele Abstieg?

____

____

98) a) … 96; 192; 384 … Vorschrift: ·2; **b)** … −11; −14; −17 … Vorschrift: −3; **c)** … −122; −114; −106 … Vorschrift: +8; **d)** … −4; 4; −4 … Vorschrift: ·(−1); **e)** … −3000; 30 000; −300 000 … Vorschrift: ·(−10)

99) a) Differenz: 360 m. Die Differenz ist jedoch weniger interessant, wichtiger ist, ob zwischendurch viele Täler und Berge überwunden werden mussten. **b)** 60 m + 340 m + 410 m + 530 m + 40 m = 1380 m, davon waren 60 m + 410 m + 40 m = 510 m Anstieg und 340 m + 530 m = 870 m Abstieg.

100 ★★☆ Magisch oder nicht?

Überprüfe, ob die Zahlenquadrate magische Quadrate sind. Schreibe die magische Summe unter das Quadrat, falls es eine gibt:

a)

−10	0	16	−2
10	−14	0	8
12	2	−8	−2
−8	16	−4	0

b)

56	−28	2	−22
−74	−16	26	72
30	8	−10	−20
−4	44	−10	−22

101 ★★☆ Zauberquadrate im Quadrat?

Prüfe nach, ob Zauberquadrate vorliegen und gib die magische Summe an.
Füge die vier Quadrate zu einem großen Quadrat zusammen. Ist es ein Zauberquadrat?

−2	−9	−4
−7	−5	−3
−6	−1	−8

−4	3	−2
1	−1	−3
0	−5	2

−7	0	−5
−2	−4	−6
−3	−8	−1

−2	5	0
3	1	−1
2	−3	4

100) a) nein (wegen der Diagonalen); **b)** ja, magische Summe: 8

101) Alle vier Quadrate sind Zauberquadrate mit den magischen Summen −15; −3; −12; 3. Wenn man ein großes Quadrat aus allen vier kleinen magischen Quadraten legt, entsteht tatsächlich wieder ein neues Zauberquadrat.

102 ★☆☆ Erweiterung des Koordinatensystems

Sicher hast du schon einmal „Schiffe versenken“ gespielt. Dafür braucht man ein Koordinatensystem der natürlichen Zahlen. Das kann man auch nach links und nach unten erweitern, sodass auch die ganzen Zahlen darin eingetragen werden können.

Fülle die Lücken:

Punkte im Koordinatensystem werden immer als kleine ______________ eingezeichnet und mit ______________________ benannt. Die **erste Koordinate** eines Punktes heißt ______________________ und gibt die Anzahl der Einheiten an, die man nach ______________________ (bei einem **positiven Wert**) oder aber nach ______________________ (bei einem **negativen Wert**) gehen muss. Die **zweite Koordinate** heißt ________________________________; ist sie **positiv**, muss man nach ______________________ gehen, ist sie **negativ**, nach ______________________.

Der Punkt, an dem sich die Achsen schneiden, ist der ______________________.

An das rechte Ende der x-Achse und das obere Ende der y-Achse macht man je einen ______________________, um anzudeuten, dass die Achsen beliebig lang sein können.

103 ★☆☆ Punkte im Koordinatensystem

Zeichne ein Koordinatensystem auf Karopapier; ein Kästchen entspricht einer Einheit. Zeichne die Punkte ein und verbinde sie. Welche Figur erhältst du?

A(−3 | −4); B(3 | −4); C(3 | 0); D(0 | 3); E(−3 | 0)

102) Kreuze; Großbuchstaben; x-Koordinate; rechts; links; y-Koordinate; oben; unten; Ursprung (oder Nullpunkt); Pfeil

103) Man erhält ein „Haus“:

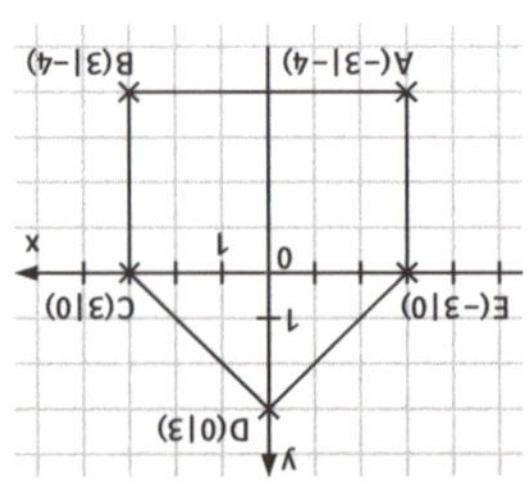

104 ★★☆ Entdeckungen im Koordinatensystem I

**Zeichne die angegebenen Punkte in ein Koordinatensystem ein.
Welche Figuren erhältst du, wenn du jeweils die Punkte der Reihe nach verbindest?**

a) A(−1 | −1); B(1 | −1); C(1 | 1); D(−1 | 1) ____________________

b) A(−3 | 0); B(0 | −2); C(3 | 0); D(0 | 2) ____________________

c) A(−2 | −1); B(2 | −1); C(0 | 2) ____________________

d) A(−2 | 0); B(0 | −2); C(3 | 0); D(0 | 2) ____________________

105 ★★★ Entdeckungen im Koordinatensystem II

a) Bei den Figuren aus Kurztest 104 ist dir sicher aufgefallen, dass sie verschiedene Symmetrien besitzen. Findest du heraus, wie man solche Symmetrien an den Koordinaten erkennen kann, ohne die Punkte einzuzeichnen?

____

____

b) Würde die Figur mit den Koordinaten A(1 | 1); B(3 | 1); C(3 | 3); D(1 | 3) zu den Figuren aus Kurztest 104 passen? Was spricht dafür, was dagegen?

____

____

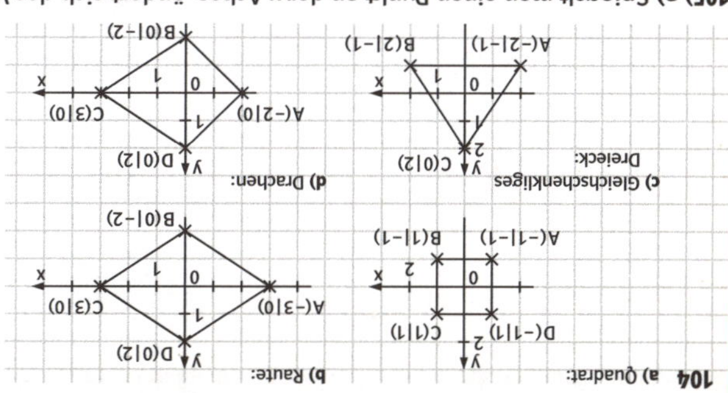

105 a) Spiegelt man einen Punkt an der x-Achse, ändert sich das Vorzeichen der y-Koordinate. Bei einer Spiegelung eines Punktes an der y-Achse ändert sich nur das Vorzeichen der x-Koordinate.
b) Es ist zwar ebenfalls ein Quadrat, aber es ist nicht zu den Koordinatenachsen symmetrisch.

106 ★☆☆ Abstand zur Null

Richtig oder falsch? Berichtige die falschen Aussagen.

a) Die Zahlen −51 und 51 haben jeweils den gleichen Abstand zur Null.

____

b) Man kann zu jeder Zahl eine weitere Zahl finden, deren Abstand zur Null gleich ist.

____

c) Es gibt genau vier verschiedene Zahlen, die alle den Abstand 2 zur Null haben.

____

d) Den Abstand einer Zahl von der Null nennt man Betrag.

____

107 ★★☆ Betrag

Gib alle ganzen Zahlen an, die

a) den Betrag 16 haben: ______________________________

b) einen Betrag kleiner als 3 haben: ______________________________

c) einen Betrag kleiner oder gleich 3 haben: ______________________________

d) den Betrag 0 haben: ______________________________

Wie groß ist der Betrag von

e) −2 ______________ f) −102 ______________

g) 45 ______________ h) −88 ______________

Kann es Zahlen mit einem negativen Betrag geben? Begründe deine Meinung.

____

____

106) a) richtig; **b)** Nicht ganz richtig: zu der 0 selbst kann man keine weitere Zahl finden. **c)** Nein, es gibt nur zwei Zahlen: −2 und 2; **d)** richtig

107) a) −16 und 16; **b)** −2; −1; 0; 1; 2; **c)** −3; −2; −1; 0; 1; 2; 3; **d)** 0 **e)** 2; **f)** 102; **g)** 45; **h)** 88
Zahlen mit negativem Betrag gibt es nicht, weil ein Abstand immer eine gewisse Länge besitzt. Den kleinsten Betrag, den es gibt, hat die Zahl 0: der Betrag von 0 ist nämlich 0.

108 ★☆☆ Maßeinheiten

Du kennst sicher schon einige von den aufgeführten Maßeinheiten. Ordne die Einheiten, die du kennst, in die richtige Spalte ein.

Maßeinheiten:
Kilometer – Gramm – Tonne – Millimeter – Stunde – Meter – Tag – Zentner – Euro – Pfund – Dezimeter – Milligramm – Meile – Cent – Zoll – Yard – Nanometer – Karat

Gewichte	Längen	Zeiten	Währungen

109 ★☆☆ Vielsagende Vorsilben

Viele Vorsilben kommen aus dem Griechischen oder aus dem Lateinischen. Keine Sorge, du musst keine der beiden Sprachen beherrschen, um dir zu überlegen, was hinter den bei Größen üblichen Vorsilben steckt.

a) Ein Kilogramm sind ______________ Gramm, also sind ein Kilometer auch ______________ Meter. Kilo heißt also ______________.

b) Ein Dezimeter ist der ______________ Teil eines Meters. Ebenso ist ein Deziliter der ______________ Teil eines Liters. Dezi heißt offenbar ______________.

c) Ein Zentimeter ist der ______________ Teil eines Meters. Ebenso ist ein Zentiliter der ______________ Teil eines Liters. Zenti heißt offenbar ______________.

d) Ein Millimeter ist der ______________ Teil eines Meters. Ebenso ist ein Milligramm der ______________ Teil eines Gramms. Milli heißt offenbar ______________.

108) Gewichte: Gramm, Tonne, Zentner, Pfund, Milligramm, Karat; Längen: Kilometer, Millimeter, Meter, Dezimeter, Meile, Zoll, Yard, Nanometer; Zeiten: Stunde, Tag; Währungen: Euro, Pfund, Cent
109) a) 1000; 1000; tausend; **b)** zehnte, zehnte, Zehntel; **c)** hundertste, hundertste, Hundertstel; **d)** tausendste, tausendste, Tausendstel

110 ★★☆ Einheitentafel I

Lies die eingetragene Zahl ab und notiere sie wie im Beispiel. Wähle als Einheit diejenige, unter der die letzte Ziffer rechts steht. Bei Metern und Kilometern kann es sein, dass du vorher mit Nullen auffüllen musst.

km			m			dm	cm	mm	
H	Z	E	H	Z	E				
			5	8	7	0	2		58 702 cm
	5	4	3	0	6	4			
			6	2					
5	9	6	0	0	8				
		4	2						

111 ★★☆ Einheitentafel II

Gib die Ergebnisse aus Kurztest 110 jeweils in der nächstkleineren Einheit wie im Beispiel an:

Beispiel: 58 702 cm = 587 020 mm

____

____

Ergänze:

Beim Umwandeln in eine **kleinere** Einheit wird die Maßzahl ______________.

Beim Umwandeln in eine **größere** Einheit wird die Maßzahl ______________.

110) 543 064 dm; 620 m (Null auffüllen); 596 008 m; 4200 m (Nullen auffüllen)
111) 543 064 dm = 5 430 640 cm; 620 m = 6200 dm; 596 008 m = 5 960 080 dm; 4200 m = 42 000 dm
größer – kleiner

112 ★☆☆ Schätzen und Messen

Auch Schätzen kann man üben! Schätze erst die Länge (Höhe) der angegebenen Gegenstände und miss dann mit einem Lineal nach. Gib die Einheit mit an. Berechne die Abweichung deiner Schätzungen von den Messergebnissen.

Gegenstand	Geschätzte Länge (Höhe)	Gemessene Länge (Höhe)	Abweichung Schätzung – Messung
a) Wasserglas			
b) Sprudelflasche			
c) Mathebuch			
d) Handy			
e) Wohnzimmer			
f) Esstisch			
g) Haustür			

113 ★★☆ Welche Einheit ist die beste?

Welche Einheit erwartest du bei der Länge (Höhe) von folgenden Dingen?

a) Langstreckenflug: ______________ Lampe: ______________

b) Gummibärchen: ______________ Bett: ______________

c) Bildschirmdiagonale: ______________ Bleistift: ______________

d) Wanderung: ______________ Sprint: ______________

e) Barthaare: ______________ Apfelbaum: ______________

f) Schulweg: ______________ Reiskorn: ______________

112) a) ca. 8 – 12 cm; **b)** ca. 26 – 30 cm; **c)** ca. 25 – 28 cm; **d)** ca. 9 – 11 cm; **e)** sehr unterschiedliche Maße, ca. 3 – 5 m; **f)** ca. 1,20 – 1,60 m; **g)** ca. 1,90 m – 2,20 m (meist sind Türen 2 m hoch)

113) a) km, cm, **b)** cm, m, **c)** cm (oft auch in Zoll angegeben), cm, **d)** km, m, **e)** mm, m, **f)** km (evtl. auch m), mm

114 ★★☆ Umwandeln in kleinere Einheiten

Wandle in die angegebene Einheit um. Du kannst dir auf ein Blatt eine Einheitentafel zeichnen und sie als Hilfe verwenden. (Denke daran: mm, cm und dm haben nur eine Spalte, aber bei m und km gibt es Einer, Zehner und Hunderter.)

a) 136 dm = ____________ cm 28 m = ____________ cm

b) 114 km = ____________ m 933 cm = ____________ mm

c) 10 324 m = ____________ cm 32 cm = ____________ mm

d) 45 km = ____________ m 711 m = ____________ dm

e) 272 dm = ____________ mm 237 095 m = ____________ mm

f) 356 cm = ____________ mm 93 863 m = ____________ cm

115 ★★☆ Umwandeln in größere Einheiten

Wandle in die angegebene Einheit um. Du kannst dir auf ein Blatt eine Einheitentafel zeichnen und sie als Hilfe verwenden. (Denke daran: mm, cm und dm haben nur eine Spalte, aber bei m und km gibt es Einer, Zehner und Hunderter.)

a) 570 dm = ____________ m 280 000 dm = ____________ km

b) 14 000 m = ____________ km 730 cm = ____________ dm

c) 10 000 mm = ____________ m 9200 cm = ____________ m

d) 450 000 000 m = ____________ km 8700 cm = ____________ dm

e) 272 000 mm = ____________ dm 97 000 mm = ____________ cm

f) 3500 mm = ____________ dm 34 000 dm = ____________ m

114) a) 1360 cm; 2800 cm; **b)** 114 000 m; 9330 mm; **c)** 1 032 400 cm; 320 mm; **d)** 45 000 m; 7110 dm; **e)** 27 200 mm; 237 095 000 mm; **f)** 3560 mm; 9 386 300 cm

115) a) 57 m; 28 km; **b)** 14 km; 73 dm; **c)** 10 m; 92 m; **d)** 450 000 km; 870 dm; **e)** 2720 dm; 9700 cm; **f)** 35 dm; 3400 m

116 ★★☆ Zahlen mit Komma

Sicher sind dir schon Kommazahlen begegnet. Mit der Einheitentafel ist es gar nicht so schwer, sich mit ihnen anzufreunden.

Schreibe wie im Beispiel die Zahlen in der angegebenen Einheit auf. Manchmal musst du mit Nullen auffüllen.

km			m			dm	cm	mm	
H	Z	E	H	Z	E				
		0	0	4	4				0,044 km
							6		dm
					8	7	4	4	m
								5	m
								2	cm
							6	2	m

117 ★★☆ Umwandeln mit Komma

Wandle in die angegebene Einheit um. Du kannst dir auf einem Blatt eine Einheitentafel erstellen und sie als Hilfe verwenden. (Denke daran: mm, cm und dm haben nur eine Spalte, aber bei m und km gibt es Einer, Zehner und Hunderter.)
Nullen hinter dem Komma an letzter Stelle kann man weglassen (4,60 = 4,6).

a) 879 dm = ______________ m 94 948 m = ______________ km

b) 450 cm = ______________ m 963 cm = ______________ dm

c) 1948 mm = ______________ cm 834 cm = ______________ m

d) 458 900 m = ______________ km 12 093 dm = ______________ m

e) 72 746 mm = ______________ dm 78 090 cm = ______________ mm

116) 0,6 dm; 8,744 m; 0,005 m; 0,2 cm; 0,062 m
117) a) 87,9 m; 94,948 km; **b)** 4,5 m; 96,3 dm; **c)** 194,8 cm; 8,34 m; **d)** 458,9 km; 1209,3 m; **e)** 727,46 dm; 780 900 mm

118 ★★☆ Welche Einheit ergibt Sinn?

Wandle alle Längenangaben so um, dass sinnvolle Sätze entstehen und löse dann die Aufgaben:

a) „Ich bin bereits **1550 mm** groß", meint Paula. „Ist ja schwer beeindruckend", erwidert Berni, „aber ich bin immer noch um **0,00004 km** größer als du!" Wie groß ist Berni?

____

____

b) „Wenn mein Zimmer doch um **12 dm** länger wäre", überlegt Martina, „dann hätte es eine Länge von **3700 mm**, und ich könnte sogar das alte Sofa hineinstellen, obwohl es **0,0018 km** breit ist." Wie lang ist Martinas Zimmer?

____

____

c) „Mein Schulweg ist **1 840 000 cm** lang", erzählt Kalle. „Ganz zu schweigen von dem Weg, den man zurücklegt, wenn man in die Sporthalle muss, dann kommen noch mal etwa **0,09 km** dazu!" ergänzt Jenna. „Aber wenn wir das nicht berücksichtigen, ist mein Schulweg um **10 200 m** kürzer als deiner!" Wie lang ist Jennas Schulweg?

____

____

119 ★★☆ Eine haarige Angelegenheit

Die Klasse 5 c untersucht in Gruppen Haare unter dem Mikroskop. Bei der Gelegenheit ist die Frage aufgetaucht, wer die längsten Haare der Gruppe besitzt. Manche wollen offenbar bluffen und haben ihre Haarlänge in merkwürdigen Einheiten angegeben.

Ordne die angegebenen Haarlängen der Größe nach. Wer hat die längsten Haare?

Marita: 0,075 m	Hannah: 0,35 m	Ulli: 0,00004 km
Stefan: 190 mm	Karina: 1,6 dm	Nika: 0,00029 km

____

____

118) a) 1,55 m; 4 cm; Berni ist 1,59 m groß. **b)** 1,20 m; 3,70 m; 1,80 m; Das Zimmer ist 2,50 m lang.
c) 18,4 km; 90 m; 10,2 km; Jennas Schulweg ist 8,2 km lang.

119) 4 cm (Ulli) < 7,5 cm (Marita) < 16 cm (Karina) < 19 cm (Stefan) < 29 cm (Nika) < 35 cm (Hannah). Hannah hat also die längsten Haare.

120 ★★☆ Alte Längeneinheiten

Früher benutzte man andere Längeneinheiten. Folgendes findet man dazu im Lexikon:
Zoll: unterschiedliche Festlegung; ca. 2,3 cm – 3 cm
Fuß: unterschiedliche Festlegung, z. B. Sachsen: 429,5 mm, Hessen 250 mm
Elle: Länge des Unterarms, unterschiedliche Festlegung; ca. 66,8 cm oder 68,02 cm
Klafter: 6 oder 10 Fuß

a) In manchen Büchern steht, dass 10 Zoll ein Fuß ergeben. Stimmt das in etwa?

---

b) Stimmt es ungefähr, dass ein Klafter etwa 1,70 m bis 3 m lang ist?

---

c) Kannst du dir vorstellen, welche Schwierigkeiten mit diesen Längeneinheiten verbunden waren? Welche Vorteile siehst du in unserem aktuellen System?

---

121 ★★★ Englische Längenmaße

In englischsprachigen Ländern gibt es andere Längenmaße als die bei uns gebräuchlichen, z. B. Meile oder Yard. Ungefähr gilt: 1 yard = 91,4 cm.

a) 1760 yards sind eine englische Meile. Wie lang ist eine englische Meile in km?

---

b) Wenn es die Einheit „Milli-yard" gäbe, wie lang wäre wohl ein Milli-yard mit „unseren" Längeneinheiten ausgedrückt? Erkläre in einem Satz deine Lösung.

---

120) a) Ja, ungefähr, da z. B. 250 mm = 10 · 25 cm = 250 cm = 2,5 m; **b)** Nein: 10 · 429,5 mm = 429,5 cm = 4,295 m wäre schon zu groß für diesen Bereich. **c)** Da es keine genauen Festlegungen gab, gab es viele Missverständnisse, z. B. zwischen Händlern. Unser System beruht außerdem auf dem Zehnersystem, und somit kann man besonders einfach in andere Einheiten umwandeln.
121) a) 1760 · 914 mm = 1 608 640 mm = 1,60864 km;
b) Da „Milli" Tausendstel heißt, muss man 91,4 cm : 1000 rechnen; Ergebnis: 0,0914 cm = 0,914 mm

122 ★★★ Gräserzucht

Alex, Irina, Sandy und Tom haben im Schulgarten verschiedene Gräser angepflanzt. In den Pausen gießen und pflegen sie ihre Pflanzen, und jeden Freitag messen sie genau die Längen ihres jeweils höchsten Grashalms, um zu vergleichen.

Alex: „Mein längster Grashalm ist dreimal so groß wie deiner, Irina!"
Irina: „Dafür ist meine Grassorte immerhin doppelt so hoch gewachsen wie Sandys."
Tom: „Das ist ja noch gar nichts, mein Gras ist fünfmal so hoch wie Sandys. Sandy, ich glaube, du musst mehr mit deinen Gräsern sprechen! Bei Vollmond – das wirkt!"
Sandy: „Ha ha. Sehr lustig. Meine Sorte ist eben langsamer, dafür aber besonders schön. Außerdem: wenn wir die Längen unserer höchsten Grashalme addieren, kommen wir immerhin auf 28 cm – damit liegen wir noch vor den anderen Gruppen …"

Berechne, wie hoch die einzelnen Gräser sind.

Rechnung:

Schlusssatz: ______________________________

____

123 ★★★ Rund um den Äquator

Stell' dir vor, alle Menschen würden sich bequem nebeneinander aufstellen und sich an den Händen fassen.

a) Wie lange wäre etwa die entstandene Menschenkette?
Überlege dir sinnvolle Schätzwerte und berechne.

b) Wie oft passt diese Kette theoretisch um die Erde? (Erdumfang ca. 40 000 km)

____

122) Alex' längster Grashalm ist 12 cm lang, Irinas 4 cm, Toms 10 cm und Sandys nur 2 cm.
123) a) Pro Mensch: ca. 50 cm Platz, bei ca. 6 Mrd. Menschen: 3 000 000 000 m = 3 000 000 km.
b) 3 000 000 km : 40 000 km = 75, also würde die Kette 75 mal um die Erde passen.

124 ★★☆ Maßstabsgetreu

„Ein quadratisches Grundstück hat die Seitenlänge 20 m. Zeichne das Grundstück maßstabsgetreu in dein Heft. Dabei entspricht 1 cm in deinem Heft 5 m in der Natur.“ Solche Aufgaben hast du vielleicht schon kennen gelernt.

a) Löse die Aufgabe auf kariertem Papier. Welche Seitenlänge hat das von dir gezeichnete Quadrat?

Es ist bei solchen Aufgaben immer ganz wichtig, den verwendeten Maßstab neben die Zeichnung zu schreiben, damit es keine Missverständnisse gibt. Man schreibt Maßstäbe so auf, dass immer nur eine Einheit vorkommt, z. B. cm. Zu der Aufgabe oben würde das dann so aussehen: **1:500**, lies: **„1 cm entspricht 500 cm“**.

b) Schreibe die entsprechenden Maßstäbe dazu:

1 cm entspricht 4,5 km

1 cm entspricht 250 m

1 cm entspricht 20 000 dm

1 cm entspricht 30 km

c) Welchen Maßstab aus b) findest du für Wanderkarten angemessen? Warum?

125 ★★☆ Zimmervermessung

Melanie soll für den Kunstunterricht ein Modell ihres Zimmers erstellen. Dafür zeichnet sie zuerst den Grundriss mit Bett, Schrank und Schreibtisch auf ein Blatt Papier.

a) Die Seitenlänge des gezeichneten Bettes ist 10 cm. Welchen Maßstab verwendet Melanie? Wie breit ist ihr Bett, wenn es in der Zeichnung 5 cm breit ist?

b) Melanies Schreibtisch ist 1,40 m lang, und der Schrank hat die Breite 1,30 m und die Tiefe 0,60 m. Wie groß sind diese Größen in der Zeichnung?

c) Falls du noch ein bisschen üben möchtest, erstelle eine maßstabsgetreue Zeichnung deines eigenen Zimmers.

124) a) 4 cm; **b)** 1:450 000; 1:25 000; 1:200 000; 1:3 000 000; **c)** 1:25 000, da relativ detailliert

125) a) Maßstab 1:20; Breite des Betts: 1 m; **b)** Schreibtisch: 7 cm lang, Schrank: 6,5 cm und 3 cm.

126 ★★★ Geografenmathematik

Ein Maßstab zeigt das Verhältnis der Streckenlängen z. B. auf einer Landkarte zur tatsächlichen Länge in der Natur. Der Maßstab **1:50 000** bedeutet: **1 cm** auf der Karte entspricht **50 000 cm** in der Natur.

a) Auf einer Wanderkarte mit dem Maßstab **1:50 000** ist eine 6 cm lange Strecke als Weg eingetragen. **Wie lang ist der Wanderweg? Wähle eine sinnvolle Einheit.**

b) Ein 12,5 km langer Weg soll in eine Karte mit dem Maßstab **1:250 000** eingetragen werden. **Wie lang ist der Weg auf der Karte?**

c) **„Streiche bei der Maßstabszahl (z. B. bei dem Maßstab 1:100 000 wäre das die 100 000) fünf Nullen weg, und du kannst direkt die Entfernung in km angeben, die 1 cm auf der Karte entspricht!“ Stimmt das? Begründe.**

127 ★★★ Modelle

Berechne die fehlenden Angaben:

a) Der Eiffelturm in Paris ist in Wirklichkeit **321 m** hoch. Es wurde ein Modell des Turms im Maßstab **1:2000** erbaut.

b) Das Segelboot Nautilus hat eine Länge von **150 m**. Das Modell ist **50 cm** lang.

126) a) 6 · 50 000 cm = 300 000 cm = 3000 m = 3 km;
b) 12,5 km = 12 500 m = 1 250 000 cm; 1 250 000 cm : 250 000 = 5 cm; **c)** Das stimmt, weil die Umrechnungszahl von km zu cm und umgekehrt 100 000 ist, das heißt, man muss beim Umrechnen zwischen cm und km nur das Komma um fünf Stellen verschieben. Genauso kann man sagen, man streicht fünf Nullen – sofern diese da sind.
127) a) Gefragt ist nach der Höhe des Modells: 16,05 cm; **b)** Fehlende Angabe: Maßstab: 1:300

128 ★☆☆ Einheitentafel I

Lies die eingetragene Zahl ab und notiere sie wie im Beispiel ohne Komma in der angegebenen Einheit. Wie bei den Längen kann es sein, dass du vorher mit Nullen auffüllen musst.

t			kg			g			mg			
H	Z	E	H	Z	E	H	Z	E	H	Z	E	
		1	5	0	0							1500 kg
				5	9	8						g
1	6											t
		7	7	6	5							kg
					4	0	9					g

129 ★★☆ Einheitentafel II

Gib die Ergebnisse aus Kurztest 128 jeweils in der nächstkleineren Einheit wie im Beispiel an:

Beispiel: 1500 kg = 1 500 000 g

____

____

Ergänze:

Bei Gewichten ist das Umwandeln besonders einfach: Wenn man von einer kleineren in die **nächstgrößere** Einheit umwandelt, muss man immer ______________ ______________ rechnen. Beim Umwandeln in die **nächstkleinere** Einheit wird immer ______________ gerechnet.

126) 59 800 g; 160 t; 7765 kg; 4090 g
127) 59 800 000 mg; 160 000 kg; 7 765 000 g; 4 090 000 mg; geteilt durch 1000, mal 1000

130 ★☆☆ Schwerer Schulranzen?

Maja hat einen langen Schulweg und schleppt immer ziemlich viele Dinge in ihrem Schulranzen mit. Das soll sich jetzt ändern: zu Hause räumt sie ihren Schulranzen einmal komplett aus und wiegt alles, was da zum Vorschein kommt. Manches „mistet" sie direkt aus. Von allem anderen erstellt sie eine Liste:

Schätze, wie viel die Dinge aus Majas Schulranzen etwa wiegen. Miss mit einer Küchen- oder Briefwaage nach:

Gegenstand	Geschätztes Gewicht	Gemessenes Gewicht	Abweichung Schätzung – Messung
a) Schulbücher			
b) Essen und Trinken			
c) Schlüssel			
d) Handy			
e) Materialien (Geodreieck etc.)			
f) Mäppchen			
g) Portmonee			

131 ★★☆ Kraftrekorde

Bei Kraftweltmeister im Tierreich denkst du vielleicht als erstes an die Ameise? Neuen Erkenntnissen zufolge sind jedoch Hornmilben derzeit die wahren Rekordhalter – sie können nämlich das 1200-fache ihres Körpergewichts tragen!

Berechne, wie schwer dein Schulranzen maximal sein könnte, wenn du dieselben Kräfte wie die Hornmilbe hättest.

130) Hier kannst du selbst durch Messen kontrollieren, da keine einheitlichen Werte angegeben werden können. Wenn du dir unsicher bist, kannst du die Aufgabe vielleicht mit jemandem zusammen lösen.

131) Beispielrechnung mit 50 kg: 50 kg · 1200 = 60 000 kg = 60 t. So viel wiegt z. B. ein großer LKW.

132 ★☆☆ Umwandeln in kleinere Einheiten

Wandle in die angegebene Einheit um. Du kannst dir auf einem Blatt eine Einheitentafel erstellen und sie als Hilfe verwenden.

a) 1456 t = ____________ kg 289 g = ____________ mg

b) 454 kg = ____________ g 933 t = ____________ g

c) 17154 g = ____________ mg 32 g = ____________ mg

d) 65 kg = ____________ mg 71 kg = ____________ g

e) 92 t = ____________ mg 467095 kg = ____________ g

f) 309 kg = ____________ mg 7863 g = ____________ mg

133 ★☆☆ Umwandeln in größere Einheiten

Wandle in die angegebene Einheit um. Du kannst dir auf einem Blatt eine Einheitentafel erstellen und sie als Hilfe verwenden.

a) 56 000 g = ____________ kg 280 000 g = ____________ kg

b) 93 000 mg = ____________ g 73 000 mg = ____________ g

c) 90 000 000 mg = ____________ kg 90 000 g = ____________ kg

d) 450 000 000 g = ____________ t 6000 kg = ____________ t

e) 272 000 mg = ____________ g 77 000 000 mg = ____________ kg

f) 35 000 mg = ____________ g 874 000 000 g = ____________ t

132) a) 1 456 000 kg; 289 000 mg; **b)** 454 000 g; 933 000 000 g; **c)** 17 154 000 mg; 32 000 mg; **d)** 65 000 000 mg; 71 000 g; **e)** 92 000 000 000 mg; 467 095 000 g; **f)** 309 000 000 mg; 7 863 000 mg

133) a) 56 kg; 280 kg; **b)** 93 g; 73 g; **c)** 90 kg; 90 kg; **d)** 450 t; 6 t; **e)** 272 g; 77 kg; **f)** 35 g; 874 kg

134 ★★☆ Zahlen mit Komma

Schreibe wie im Beispiel die Zahlen in der angegebenen Einheit auf. Manchmal musst du mit Nullen auffüllen. Nullen, die an letzter Stelle hinter dem Komma stehen, kannst du weglassen (wie im Beispiel).

t			kg			g			mg			
H	Z	E	H	Z	E	H	Z	E	H	Z	E	
	6	1	8	0								61,8 t
					3	3	4					kg
							9	8	4	2		kg
					1	0	6	0				t
										8		g

135 ★★☆ Umwandeln mit Komma

Wandle in die angegebene Einheit um. Du kannst dir auf einem Blatt eine Einheitentafel erstellen und sie als Hilfe verwenden. Nullen an letzter Stelle hinter dem Komma kann man weglassen (4,60 = 4,6).

a) 9382 kg = ______________ t   9478 mg = ______________ kg

b) 493 982 g = ______________ kg   80 mg = ______________ g

c) 1999 mg = ______________ g   92 g = ______________ t

d) 958 800 g = ______________ kg   1 mg = ______________ t

e) 72 746 g = ______________ t   98 760 g = ______________ kg

f) 83,7 kg = ______________ t   2,903 g = ______________ kg

g) 0,872 t = ______________ g   0,009 kg = ______________ t

134) 3,34 kg; 0,09842 kg; 0,00106 t; 0,08 g
135) a) 9,382 t; 0,009478 kg; **b)** 493,982 kg; 0,08 g; **c)** 1,999 g; 0,000092 t; **d)** 958,8 kg; 0,000000001 t; **e)** 0,072746 t; 98,76 kg; **f)** 0,0837 t; 0,002903 kg; **g)** 872 000 g; 0,000009 t

136 ★★☆ Welche Einheit passt?

Verbinde die genannten Dinge bzw. Lebewesen mit den passenden Gewichten in der rechten Spalte. Wandle diese dafür zuerst in eine sinnvolle Einheit um.

Was wurde gewogen?	Ungefähres Gewicht
a) Blauwal	1) 900 000 000 mg =
b) Tüte Gummibärchen	2) 0,008 t =
c) Mensch	3) 130 000 000 g =
d) Ameise	4) 250 000 mg =
e) Fahrrad	5) 0,0001 t =
f) Tafel Schokolade	6) 0,000000001 t =
g) Kleinwagen	7) 0,075 t =

137 ★★☆ Gemischte Schreibweise

Schreibe jedes Gewicht in der größeren sowie in der kleineren Einheit (Kommaschreibweise).

a) 3 t 99 kg = ______

b) 9 t 9 g = ______

c) 456 kg 2 g = ______

d) 23 t 345 mg = ______

e) 7 kg 46 g = ______

f) 29 g 1 mg = ______

g) 37 kg 93 mg = ______

136) a) zu 3) (130 t); **b)** zu 4) (250 g); **c)** zu 7) (75 kg); **d)** zu 6) (1 mg); **e)** zu 2) (8 kg); **f)** zu 5) (100 g); **g)** zu 1) (900 kg)

137) a) 3,099 t = 3099 kg; **b)** 9,000009 t = 9 000 009 g; **c)** 456,002 kg = 456 002 g;
d) 23,000000345 t = 23 000 000 345 mg; **e)** 7,046 kg = 7046 g; **f)** 29,001 g = 29 001 mg; **g)** 37,000093 kg = 37 000 093 mg

138 ★★☆ Ab in den Urlaub!

Endlich Ferien! Der elfjährige Tim, seine um zwei Jahre jüngere Schwester Tina und die einjährige Sarah fahren mit ihren Eltern für zwei Wochen nach Spanien an den Strand. Dafür hat die Familie ihren Kombi vollgeladen mit Kleidung, Büchern, Spielen und weiteren Dingen. Außerdem nehmen sie Proviant für die Fahrt mit; vor allem viele Getränke, denn es soll ein heißer Tag werden und sie sind den ganzen Tag unterwegs.

Wie groß ist das Gesamtgewicht des Autos zu Beginn der Reise? Erstelle eine Liste von allen Dingen und Personen, die sich im Auto befinden, mit ihrem ungefähren Gewicht. Berechne dann das Gesamtgewicht.

139 ★★☆ Trockenfutter für Sam

Nickis Mischlingsrüde Sam bekommt am Tag 180 g Trockenfutter.

Für wie viele Tage reicht der 12 kg-Sack, den Nicki heute gekauft hat?

Rechnung:

Schlusssatz: ____________________

____

138) Kombi: ca. 1200 kg Leergewicht; Körpergewicht Eltern: ca. 65 kg + 85 kg = 150 kg; Tim: ca. 45 kg; Tina: 39 kg; Sarah: 9 kg; Sommerkleidung, Spiele, Bücher, Babyausrüstung etc.: pro Pers. ca. 18 kg; Proviant: pro Pers. ca. 2 l Getränke (2 l entsprechen 2 kg), Obst, Brote, Kekse etc.: Proviant gesamt ca. 15 kg. Total: 1200 kg + 243 kg + 90 kg + 15 kg = 1545 kg (dazu kommt noch das Benzin).

139) Rechnung: Zuerst wandelt man die 12 kg um in Gramm: 12 kg = 12 000 g. Dann: 12 000 g : 180 g = 1200 : 18 (Man darf die gleiche Anzahl Nullen streichen!). Ergebnis: 66. Das Futter reicht für 66 Tage.

140 ★☆☆ Zeitspannen und Zeitpunkte

Zwischen zwei Zeitpunkten liegt immer eine **Zeitspanne**.
Zum Beispiel: Jutta geht morgens um **7:05 Uhr** aus dem Haus. Um **7:45 Uhr** trifft sie normalerweise in der Schule ein. Also braucht sie für ihren Schulweg **40 min**.

Welche **Zeitpunkte** kommen im Beispiel vor? ______________________

Und welche **Zeitspanne** hast du im Beispiel gefunden? ______________________

Berechne jeweils die fehlende Angabe und entscheide, ob es sich dabei um eine Zeitspanne oder einen Zeitpunkt handelt.

a) Lias Zug fährt um **13:07 Uhr** ab und kommt um **13:34 Uhr** in ihrem Heimatdorf an. Wie lange dauert die Fahrt?

____

b) Die Pause beginnt um **9:35 Uhr** und dauert eine **Viertelstunde**. Wann endet sie?

____

c) Irma und Hans backen einen Kuchen. Um **13:47 Uhr** schieben sie ihn in den Ofen. „Jetzt muss er **55 min** backen“, steht im Backbuch. Wann ist der Kuchen fertig?

____

141 ★★☆ Gut geschlafen?

Arlena: „Heute bin ich schon um **4:40 Uhr** aufgewacht und konnte danach nicht mehr schlafen. Und das, obwohl ich gestern erst um **22:00 Uhr** eingeschlafen bin.“
Papa Jens: „So etwas. Tja, ich bin sogar erst um **zwanzig nach elf** eingeschlafen, war aber heute relativ früh wach, so gegen **5:40 Uhr**. Die Vögel haben laut gezwitschert.“
Patrick: „Ehrlich? Bei mir war es so: Ich bin schon um **fünf nach neun** eingeschlafen und bin auch erst um **halb sieben** wieder vom Wecker geweckt worden.“
Mama Isa: „Klingt gut. Ich bin um **halb elf** eingeschlafen. Um **Viertel nach eins** hat allerdings das Baby geschrien und ich habe den Kleinen eine **Dreiviertelstunde** herumgetragen. Dann konnte ich schlafen bis um **zehn nach vier**, bevor es wieder losging. Seither bin ich wach. Ich fürchte, er bekommt seine ersten Zähne!“

Wer hat wie lange geschlafen? Gib die Zeitspannen so an: z. B. 4 h 20 min.

____

140) Zeitpunkte: 7:05 Uhr, 7:45 Uhr; Zeitspanne: 40 min. **a)** Zeitspanne: 27 min; **b)** Zeitpunkt: 9:50 Uhr;
c) Zeitpunkt: 14:42 Uhr
141) Arlena: 6 h 40 min; Jens: 6 h 20 min; Patrick: 9 h 25 min; Isa: 2 h 45 min + 2 h 10 min = 4 h 55 min

142 ★★☆ Stunden, Minuten, Sekunden …

Ergänze:

3 Stunden sind ______________ **Minuten** oder auch ______________

Sekunden. Darauf kommt man wie folgt: Man multipliziert die Maßzahl (hier die 3) mit

______________, dann hat man die Zeitspanne in Minuten. Das Ergebnis

multipliziert man dann noch einmal mit ______________, um das

Ergebnis in Sekunden anzugeben. Das entspricht dem Term (_____ · _____) · _____.

Kommt man wohl auf dasselbe Ergebnis, wenn man direkt $3 \cdot 3600$ ausrechnet?

______________. Das entspricht dem Term $3 \cdot ($_____ · _____$)$. Da die beiden

Terme **gleichwertig** sind, muss auch dasselbe Ergebnis herauskommen! Übrigens: Sie

sind gleichwertig, weil ______________________________

______________________________.

143 ★★☆ Umrechnen

Rechne in die in Klammern angegebene Einheit um.
Beachte: Beim Umrechnen in eine größere Einheit musst du dividieren, beim Umrechnen in eine kleinere Einheit multiplizieren.

a) 2 h (min) ______________ 5 h (min) ______________

b) 240 min (h) ______________ 600 min (h) ______________

c) 3600 s (h) ______________ 36 000 s (h) ______________

d) 1 h 45 min (min) ______________ 4 min 56 s (s) ______________

e) 1 h 40 min (s) ______________ 2 h 3 s (s) ______________

f) 1200 min (h) ______________ 1200 s (min) ______________

142) 180; 10 800; 60; 60; (3 · 60) · 60; ja; 3 · (60 · 60); … das Verbindungs- bzw. Assoziativgesetz besagt, dass man bei Multiplikation die Klammern beliebig setzen und sogar weglassen darf.
143) a) 120 min; 300 min; **b)** 4 h; 10 h; **c)** 1 h; 10 h; **d)** 105 min; 296 s; **e)** 6000 s; 7203 s; **f)** 20 h; 20 min

144 ★★★ Umrechnen für Fortgeschrittene

Auch Tage (d), Wochen und Jahre sind Zeiteinheiten, die du aus dem Alltag kennst.
Dabei geht man von Jahren aus, die keine Schaltjahre sind, also **1 Jahr = 365 d**.

Fülle die weißen Felder der Tabelle aus.

	Jahre	Wochen	Tage	Stunden	Minuten	Sekunden
a)			4			345 600
b)		2				1 209 600
c)					24 480	
d)	2					
e)				312		
f)					3360	

145 ★★★ Größenvergleich

Bei Gewichten und Längen ging das Umrechnen leichter. Woran liegt das?

144) a) 96 h; 5760 min; **b)** 14 d; 336 h; 20 160 min; **c)** 17 d; 408 h; 1 468 800 s; **d)** 730 d; 17 520 h; 1 051 200 min; 63 072 000 s; **e)** 13 d; 18 720 min; 1 123 200 s; **f)** 56 h; 201 600 s

145) Bei Längen und Gewichten konnten wir Tabellen erstellen, da die Umrechnungszahlen nur aus Zehnerpotenzen bestanden, also 10, 100, 1000 etc. Somit konnten wir alle Vorteile des Zehnersystems nutzen und konnten Nullen anhängen oder das Komma verschieben. Hier ist es anders: die Umrechnungszahlen sind sehr unterschiedlich (z. B. 60 oder 365) und entstammen nicht einem einzigen Stellenwertsystem.

146 ★★★ Über kurz oder lang

Ordne die Zeitspannen nach ihrer Länge. Beginne mit der kürzesten Spanne.

4 h – 10 min – 3120 s – 245 min – 55 min – 1 h 15 min – 601 s – 1390 s

____

____

____

____

____

____

147 ★★☆ Kommazahlen bei Zeiten?

Wie viele Minuten sind ...

a) ... eine halbe Stunde (0,5 h)? ______________________________

b) ... 1,5 h? ______________________________

c) ... eine Viertelstunde (0,25 h)? ______________________________

d) ... eine Zehntel-Stunde (0,1 h)? ______________________________

e) ... 0,8 h? ______________________________

Hast du eine Idee, warum die Kommaschreibweise bei Zeitspannen kaum verwendet wird, obwohl es sie gibt?

____

____

____

____

____

146) Umwandeln hilft!
10 min < 601 s (10 min 1 s) < 1390 s (23 min 10 s) < 3120 s (52 min) < 55 min < 1 h 15 min < 4 h (240 min) < 245 min

147) a) 30 min; **b)** 90 min; **c)** 15 min; **d)** 6 min; **e)** 0,8 sind 8 Zehntel, also 8 · 6 min = 48 min. Offensichtlich ist die Kommaschreibweise nicht sehr praktikabel, da nicht das komplette Zehnersystem dahintersteckt. Man müsste die Minuten erst in das 60er-System umrechnen.

148 ★★☆ Langschläfer etc.

Richtig oder falsch? Begründe deine Entscheidung jeweils durch Rechnungen.

a) Ein 13 Jahre alter Jugendlicher ist etwa 6200 Tage alt.

---

b) Ellen behauptet, sie habe in einem halben Jahr über 250 000 min geschlafen.

---

c) Ein Fußballspiel dauert ohne Halbzeitpause weniger als 5300 s.

---

d) Jan hat berechnet, dass er an den 181 Schultagen dieses Schuljahrs insgesamt fast 3000 min für den Schulweg gebraucht hat. Er wohnt ca. 700 m von der Schule entfernt.

---

149 ★★☆ Wandertag

Die Klasse 5d fährt am Wandertag in die Stadt. Sie wollen den Zug um 8:36 Uhr nehmen. Die Züge in die Stadt brauchen immer 27 min. Vormittags ist die Klasse beim Technikmuseum angemeldet, wo eine einstündige Führung stattfinden soll und die Schüler und Schülerinnen verschiedene Dinge ausprobieren werden. Danach ist ein gemeinsames Mittagessen etwas außerhalb im Stadtpark geplant, und am Nachmittag steht noch ein Kinobesuch auf dem Programm.

Die Züge zurück fahren alle 20 min. Robin schreibt seiner Mutter eine sms: „Den Zug um 14:33 Uhr schaffen wir sicherlich nicht. Aber vermutlich ...“ Überlege einen Zeitplan für den Tag und schreibe Robins sms zu Ende.

---

148) a) Falsch. 13 · 365 d = 4745 d, also etwa 4750 d. **b)** Stimmt, da 183 · 24 · 60 min = 263 520 min
c) Falsch, da 90 · 60 s = 5400 s; **d)** Stimmt, da z. B. 8 min · 2 = 16 min und 16 min · 181 = 2896 min.

149) Mehrere Lösungen möglich! Z. B.: 9:03 Uhr Ankunft Hauptbahnhof, dann Fußweg zum Museum ca. 20 min. Führung beginnt um 9:30 Uhr und geht bis 10:30 Uhr, danach ca. 30 min Basteln mit technischen Geräten. Fußweg zum Stadtpark ca. 30 min, dann Essen, Spielen und Entspannen bis 12:50 Uhr. Kinofilm: von 13:15 Uhr bis 14:45 Uhr, danach wieder 20 min Fußweg zum Hauptbahnhof bis ca. 15:05 Uhr. Realistisch wäre also der Zug um 15:13 Uhr, Robin wäre um 15:40 Uhr am Heimatbahnhof.

150 ★★★ Anderswo gehen die Uhren anders

Wie du weißt, geht die Sonne im Osten auf. Im Osten ist es also früher hell als im Westen, und es wird natürlich auch früher dunkel. Die Uhrzeiten passen sich an und sind von Zeitzone zu Zeitzone unterschiedlich. Man spricht deshalb von „Ortszeiten“.

Fülle die Tabelle mit den entsprechenden Ortszeiten aus:

	Westen: Chicago (USA)	Unsere Zeitzone: Berlin	Osten: Sydney (Australien)
	5 Uhr morgens	12 Uhr mittags	21 Uhr abends
a)		15 Uhr mittags	
b)	13 Uhr mittags		
c)			14 Uhr mittags
d)	20 Uhr abends		

Was fällt dir bei den Teilaufgaben b), c) und d) auf?

151 ★★★ Urlaub in fernen Ländern

Familie Reisegern aus Berlin fliegt im Urlaub nach New York, USA. Die Zeitverschiebung beträgt 6 Stunden.

Berechne die Ankunftszeit des Flugzeuges in New York (Ortszeit), wenn der Flieger um 13:40 Uhr in Berlin (Ortszeit) startet und 8 h 55 min benötigt.

150) a) 8 Uhr morgens; 24 Uhr nachts; **b)** 20 Uhr abends; 5 Uhr morgens; **c)** 22 Uhr nachts; 5 Uhr morgens; **d)** 3 Uhr morgens; 12 Uhr mittags. Bei **b)**, **c)** und **d)** wird Mitternacht überschritten, somit hat man die Datumsgrenze überschritten.

151) Nach 8 h 55 min wäre es in Berlin 22:35 Uhr. Dann ist es in New York aber erst 16:35 Uhr.

152 ★☆☆ Immer schön einheitlich!

Wichtig ist beim Rechnen mit Größen, dass **alle Größen die gleiche Einheit** besitzen. Manchmal ist das nicht direkt so, dann musst du erst umrechnen.

Berechne die Ergebnisse. Wandle zuerst um, wenn es nötig ist.

a) 8 kg : 4 kg = ______________________

b) 150 cm : 2,5 dm = ______________________

c) 2 t − 16,5 g = ______________________

d) 34 000 g : 2 kg = ______________________

e) 7 kg + 3 t + 2 mg − 2 g = ______________________

153 ★★☆ Günstig oder ungünstig?

Eigentlich ist es zwar egal, welche Einheit man beim Umwandeln wählt, aber natürlich will man sich das Rechnen nicht unnötig erschweren.

Hier siehst du vier Aufgaben und zu jeder Aufgabe zwei richtige Rechenwege. Kreise jeweils den vorteilhafteren Rechenweg ein (R1 oder R2) und berechne.

a) 180 000 kg : 2 t: **R1** 180 000 kg : 2000 kg **R2** 180 t : 2 t

____

b) 6 kg − 23 mg: **R1** 6 000 000 mg − 23 mg **R2** 6 kg − 0,000023 kg

____

c) 135 min − 2 h: **R1** 2,25 h − 2 h **R2** 135 min − 120 min

____

d) 250 dm : 2,5 m **R1** 250 dm : 25 dm **R2** 25 m : 2,5 m

____

152) a) 2; **b)** 6; **c)** 1 999 983,5 g oder 1,9999835 t; **d)** 17; **e)** z. B. 3 006 998 002 mg
153) a) R2, Ergebnis 90; **b)** R1, Ergebnis 5 999 977 mg; **c)** R2, Ergebnis 15 min; **d)** Hier kommt es auf deine Vorkenntnisse an! Wenn du weißt, dass 2,5 gerade 10 mal in die 25 passt, kannst du R2 wählen. Wenn du lieber ohne Kommazahlen rechnest, wähle R1, Ergebnis 10.

154 ★★☆ Einheiten beim Dividieren

a) Schau genau hin: Welche Textaufgaben passen jeweils zu welchem Term?

Terme: (1) 80 cm : 5 = 16 cm (2) 80 cm : 5 cm = 16

Textaufgaben:

(A) Hannes teilt einen **80 cm** langen Stock in **5 gleich** große Abschnitte. Wie lang ist jeder Abschnitt?

(B) Ina hat **5** gleich große Fotos nebeneinander in einen Rahmen gelegt und aufgehängt. Insgesamt ist der Rahmen **80 cm** lang. Wie lang ist ein Foto?

(C) Tom hat ein mehrbändiges Lexikon. Jeder Band ist **5 cm** dick; alle Bände nebeneinander nehmen eine Breite von **80 cm** ein. Wie viele Bände umfasst das Lexikon?

____

b) Beschreibe den Unterschied zwischen den beiden Termen aus a).

____

____

155 ★★☆ Textaufgabentraining zum Dividieren

Stelle jeweils einen geeigneten Term auf und berechne das Ergebnis.

a) Carla arbeitet in einem Eine-Welt-Laden und muss heute 20 kg Kaffeebohnen abfüllen. Sie packt dabei Portionen zu 250 g ab. Wie viele Portionen gibt das?

____

____

b) Ernie hat 7,20 € und soll sich davon 12 Schulhefte kaufen. Wie viel darf ein Schulheft maximal kosten?

____

____

154) a) (A) und (B) passen zu Term (1), (C) passt zu Term (2); **b)** Bei Term (1) wird eine Größe (hier Länge) durch eine Anzahl geteilt. Somit muss das Ergebnis die gleiche Einheit wie der Dividend haben. Wenn aber Dividend und Divisor beide die gleichen Größeneinheiten besitzen (hier cm), ist der Quotient eine Zahl ohne diese Einheit (z.B. eine Anzahl).

155) a) 20 kg = 20 000 g; 20 000 g : 250 g = 2000 g : 25 g = 80, also 80 Portionen; **b)** 7,20 € = 720 ct; 720 ct : 12 = 60 ct.

156 ★★☆ Einheiten beim Vervielfachen

Beim Vervielfachen einer Größe musst du darauf achten, dass das Produkt immer die gleiche Einheit besitzt wie die vervielfachte Größe*! Danach kannst du gegebenenfalls in eine andere Einheit umrechnen.

Berechne. Rechne gegebenenfalls in die größere Einheit um.

a) 500 m · 4 = ____________ 78 g · 10 = ____________

b) 0,6 t · 100 = ____________ 4 · 325 cm = ____________

c) 30 min · 60 = ____________ 30 · 60 s = ____________

d) 290 mg · 20 = ____________ 10 · 550 mm · 2 = ____________

e) 7234,73 kg · 10 = ____________ 54,876 · 100 m = ____________

* Du fragst dich nun vielleicht, was eigentlich passiert, wenn man zwei Größen miteinander multipliziert, also z. B. Länge mal Breite eines Zimmers. Diese Fälle werden nicht hier, sondern unter dem Thema Geometrie (Flächeninhalte) angesprochen!

157 ★★☆ Komma verschieben

Du hast es vielleicht schon gemerkt: Wenn du durch eine Zehnerpotenz (10; 100; 1000 etc.) teilst oder mit einer solchen Zahl multiplizierst, sieht das Ergebnis kaum anders aus als die Ausgangszahl – „nur“ das Komma steht an einer anderen Stelle!

a) Ergänze:

Wenn man beispielsweise 788,4 g mit 1000 multipliziert, muss man das Komma um ____________ Stellen nach ____________ verschieben (____________ Stellen, weil die Zahl 1000 drei Nullen besitzt). Es kommt also ____________ heraus. Nun teilt man 788,4 g durch 100. Das Komma wird also um ____________ Stellen nach ____________ verschoben, Ergebnis ist ____________.

b) Berechne durch Kommaverschiebung. Rechne evtl. in eine andere Einheit um.

922,7 t : 100 = ____________ 83,93 cm · 100 = ____________

9 km : 1000 = ____________ 0,92682 kg · 10 000 = ____________

156) a) 2000 m = 2 km; 780 g; **b)** 60 t; 1300 cm = 13 m; **c)** 1800 min = 30 h = 1 d 6 h; 1800 s = 30 min; **d)** 5800 mg = 5,8 g; 11 000 mm = 11 m; **e)** 72347,3 kg = 72,3473 t; 5487,6 m = 5,4876 km
157) a) drei; rechts; drei; 788 400 g = 788,4 kg; zwei; links; 7,884 g; **b)** 9,227 t; 8393 cm = 83,93 m; 0,009 km = 9 m; 9268,2 kg = 9,2682 t

158 ★★★ Profitraining

Berechne jeweils die Ergebnisse. Beachte alle dir bekannten Rechengesetze. Rechne falls nötig in eine sinnvolle Einheit um.

a) $(98\,\text{g} + 112\,\text{g}) : 30\,\text{g} =$ ____________________

b) $48\,\text{kg} : (2\,400\,000\,\text{mg} \cdot 10) =$ ____________________

c) $60\,\text{min} \cdot 100 : 20 =$ ____________________

d) $27\,\text{kg} - 3\,500\,000\,\text{mg} \cdot 2 =$ ____________________

e) $3\,400\,\text{m} : 17\,\text{dm} : 20 =$ ____________________

f) $12\,\text{cm} - 9\,\text{dm} : 3 + 1\,\text{m} + (-2\,\text{cm}) =$ ____________________

159 ★★★ Noch mehr Profitraining

Berechne jeweils die Ergebnisse. Beachte alle dir bekannten Rechengesetze. Rechne falls nötig in eine sinnvolle Einheit um.

a) $903{,}93\,\text{kg} : (0{,}2\,\text{t} : 20\,\text{kg}) =$ ____________________

b) $76{,}927\,\text{cm} \cdot [(40\,000\,\text{mm} - 0{,}03\,\text{km}) : 1\,\text{cm}] =$ ____________________

c) $45\,\text{min} \cdot 6 : (1 + 1 - (-1)) =$ ____________________

d) $2\,\text{h} - 7\,\text{min} + 32\,\text{min} + (-0{,}5\,\text{h}) - (-125\,\text{min}) =$ ____________________

158) a) 7; **b)** 2; **c)** 300 min = 5 h; **d)** 20 kg; **e)** 100; **f)** 80 cm
159) a) 90,393 kg; **b)** 76 927 cm = 769,27 m; **c)** 90 min = 1 h 30 min (= 1,5 h); **d)** 240 min = 4 h

160 ★☆☆ Kuchenverkauf I

Die Klasse 5a verkauft Kuchen in der großen Pause. Es gilt für jedes Kuchenstück der einheitliche Preis von 0,50 €.

Es wurden 480 Stücke verkauft. Wie viel hat die Klasse eingenommen?

Rechnung:

Schlusssatz: ______________________________

161 ★☆☆ Kuchenverkauf II

Eine Woche später verkauft die Parallelklasse 5b ebenfalls Kuchen in der Pause für den gleichen Preis.

Die 5b nimmt 480 € ein. Wie viele Kuchenstücke wurden verkauft?

Rechnung:

Schlusssatz: ______________________________

162 ★☆☆ Kuchenverkauf III

An einem der Tage war das Schulkiosk geschlossen. Kannst du sagen an welchem? Begründe deine Antwort.

____

____

____

160) Die Klasse hat 240 € eingenommen.
161) Doppelt so viele, nämlich 960 Stück.
162) Vermutlich am zweiten Tag, da die Klasse 5b viel mehr verkauft hat als die Klasse 5a. Vielleicht hatte die Klasse 5b aber auch einfach die besseren Kuchen. Oder sie haben mehr Werbung gemacht?

163 ★★☆ Süßes auf Kredit

Emma kauft sich auf dem Heimweg von der Schule oft noch etwas am Kiosk. Sie hat manchmal kein Geld dabei, aber der Kioskbesitzer kennt Emma bereits und gibt ihr auch ohne Geld die gewünschten Süßigkeiten. Er führt eine Liste mit ihren Schulden.

Heute will Emma ihre Schulden begleichen und geht mit einem 10 €-Schein zum Kiosk. Auf ihrer Schulden-Liste steht: 6 Brause-Lutscher à 60 ct, 3 Eis à 0,80 €, 1 Schokoriegel à 0,65 € und 2 Äpfel à 45 ct.

Reicht ihr Geld noch, um die 2 € für die Klassenkasse zu bezahlen? Stelle einen Term für den Restbetrag auf und berechne ihn, falls etwas übrig bleibt.

Rechnung:

Schlusssatz: ______________________________

____

164 ★★☆ Balkonbepflanzung

Christian bepflanzt seinen Balkon und will Blumenkästen ringsum an das Geländer hängen. Die Kästen haben eine Länge von 80 cm und eine Breite von 20 cm.

Wie viele dieser Kästen kann Christian an das Geländer hängen, wenn zwischen den Kästen keine Lücke frei bleiben soll und der Balkon die Breite 2,40 m und die Tiefe 1 m besitzt?

____

____

163) Term: 10 € − (6 · 0,6 + 3 · 0,80 € + 0,65 € + 2 · 0,45 + 2 €) = 0,45 €. Ja, das Geld reicht, es bleiben noch 45 ct übrig.
164) Ohne Lücke bringt er genau 5 Kästen unter, nämlich 3 in der Breite (damit beträgt die Tiefe nur noch 80 cm, da die Kästen 20 cm breit sind) und jeweils einen in der Tiefe.

165 ★☆☆ Großeinkauf

Familie Hermanns rüstet sich für den Sommerurlaub aus. Papa Gustav kauft sich einen Sonnenhut für 14,95 € und eine Badehose für 19,90 € und Mama Simone erwirbt einen Rock für 29,95 € und eine Sonnenbrille für 12,99 €. Tochter Mikaela findet einen Bikini für 17,95 € und ein Oberteil für 15,95 €, während Sohn Oliver Shorts für 25,99 € und Sandalen für 23,50 € bekommt.

Wie viel bezahlt Familie Hermanns insgesamt?

166 ★☆☆ Aufzug

Die kleine Esther wohnt im 12. Stock eines Wohnhauses in Frankfurt. Zu ihrer Wohnung fährt ein Aufzug. Aus Sicherheitsgründen ist ein Schild angebracht: „Maximal 13 Personen bzw. 1,066 t Gesamtgewicht."

a) Mit welchem durchschnittlichen Personengewicht hat die Firma gerechnet?

b) Esther wiegt 41 kg. Wie viele Kinder mit diesem Gewicht dürften maximal in dem Aufzug fahren?

165) Familie Hermanns bezahlt insgesamt 161,18 €.
166) a) Mit 82 kg; **b)** 26 Kinder

167 ★★☆ Kerzen I

Eine 12 cm hohe Kerze wird angezündet. Stündlich wird sie um 6 mm kürzer.

a) Berechne, wie lang die Kerze höchstens brennen kann. (Brenndauer)

b) Bei einer anderen Kerze ist die Brenndauer mit 36 h angegeben. Neu ist sie 18 cm hoch. Um wie viel wird sie in der Stunde kürzer?

168 ★★★ Kerzen II

Eine rote und eine grüne Kerze werden gleichzeitig angezündet. Die rote Kerze ist neu 15 cm hoch und hat eine Brenndauer von 25 h, die grüne ist neu 12 cm hoch und wird um 4 mm pro Stunde kürzer.

a) Gibt es einen Zeitpunkt, an dem beide Kerzen gleich hoch sind? Wann?

b) Wie könnte die grüne Kerze im Vergleich zu der roten aussehen? Warum?

167) a) 120 mm : 6 mm = 20; Brenndauer: 20 h; **b)** 180 mm : 36 = 5 mm, sie wird um 5 mm pro Stunde kürzer.
168) a) Brenndauer der grünen Kerze: 30 h, nach 15 h sind beide Kerzen jeweils 6 cm hoch.
b) Die grüne Kerze hat sicher einen breiteren Durchmesser als die rote, da sie langsamer abbrennt.

169 ★★★ Jetzt aber schnell I

Karin hat einen Fahrradcomputer. Bei dem kann man erkennen, wie schnell man gerade fährt. Es gibt auf dem Computer zwei Möglichkeiten, die Geschwindigkeit anzugeben, nämlich in km/h (Kilometer pro Stunde) und in m/s (Meter pro Sekunde). Auch wenn man gar keine ganze Stunde gefahren ist, kann man die Geschwindigkeit in km/h angeben, indem man sozusagen „hochrechnet“.

Leider ist nun die Anzeige für km/h kaputt. Karin liest ab, wie viele Meter sie in der Sekunde zurückgelegt hat und möchte das nun in km/h umrechnen:

a) 6 Meter pro Sekunde sind pro Minute $6\,\text{m} \cdot 60 = 360\,\text{m}$. Wie viel Meter pro Stunde hat Karin also zurückgelegt?

b) Wie viele Kilometer hat Karin in der Stunde zurückgelegt?

170 ★★★ Jetzt aber schnell II

In der Zeitung steht folgender Text:
„Die Läuferin Margit Dernbach schaffte die 21 km lange Strecke in 2 h 30 min.“

Berechne, mit welcher Geschwindigkeit die Läuferin unterwegs war. Gib die Geschwindigkeit in m/min und km/h an.

169) a) $360\,\text{m} \cdot 60 = 21\,600\,\text{m}$; **b)** $21\,600\,\text{m} = 21{,}6\,\text{km}$, also 21,6 km/h

170) 21 000 m in 150 min, also $21\,000\,\text{m} : 150 = 140\,\text{m}$, somit ist die Geschwindigkeit 140 m in der Minute;
$140\,\text{m} \cdot 60 = 8400\,\text{m}$, somit 8,4 km pro Stunde

171 ★★☆ Merkwürdige Zeitangaben

Ergänze:

Sicher weißt du, wie viel Minuten eine Viertelstunde sind: ____________________

Das liegt daran, dass ____

____.

30 min ist die Hälfte von 60 min, also sind 30 min eine ________________ Stunde.

Wie viel Minuten würde deiner Meinung nach eine Drittelstunde sein? ____________

Und eine Sechstelstunde? ________________________ Fällt dir noch eine

weitere „neue“ Zeiteinheit ein, die man auf diese Weise in Minuten angeben könnte?

____________________________________ Wie viele Minuten wären das?

Wie kann man wissen, wie viele Minuten eine Zehntelstunde hat? ____________

Warum wäre die Aussage: „Ich bin in einer Achtelstunde fertig!“ nicht so sinnvoll?

____

172 ★☆☆ Familie Vielmampf

Annike Vielmampf hat Geburtstag, und auf dem Tisch steht eine große Erdbeertorte.
Ihre Familie steht um sie herum, hält ihr die leeren Teller hin und äußert ihre Wünsche:

Papa Bernd: „Ich hätte gerne **die Hälfte** des Kuchens!“ Bruder Marius: „Für mich bitte nur **ein Viertel**, ich habe bereits drei Brötchen gegessen!“ Mama Luzia: „Mir würde ausnahmsweise **ein Viertel** ebenfalls genügen! Und du bekommst dann den ganzen Rest, du hast ja auch schließlich Geburtstag!“

Wie viel von dem Kuchen bekommt Annike ab? Wie kommst du darauf?

____

____

171) 15 min; da 15 vier mal in die 60 passt; halbe; 20 min; 10 min; z. B. Zwölftelstunde (5 min), Dreißigstelstunde (2 min); Man teilt 60 durch 10 und erhält 6; Weil 60 nicht ohne Rest durch 8 teilbar ist.
172) Nichts, da zwei Viertel schon eine Hälfte des Kuchens sind und Papa Bernd die andere Hälfte bekommt. Ein Viertel plus ein Viertel plus ein Halbes ist gleich ein Ganzes.

173 ★★☆ Hochzeitstorten

Auf der Hochzeit von Elli und Klaus gab es viele leckere Torten. Obwohl die Gäste sich große Mühe gaben, blieben einige Teile übrig.

Klaus zählt die Reste: „Hmm, mal sehen, also von der Schwarzwälder ist noch **ein Viertel** übrig, und von den beiden Obsttorten hier **jeweils die Hälfte.** Hier sind noch **drei Viertel** von einer Buttercremetorte, davon hatten wir aber auch mehr als genug! Aha, **ein Viertel** von der Schokoladentorte ist noch hier im Kühlschrank. Und hier steht auch noch die **halbe** Käsesahnetorte! Die Johannisbeertorte war beliebt, davon ist nur noch **ein Zwölftel** übrig. Und von der Erdbeertorte sind auch noch **zwei Zwölftel** hier."
„Aha", meint Elli, „wir können die Stücke zusammenstellen und sozusagen wieder ein paar ganze Torten draus machen, dann fällt uns der Transport nämlich leichter."

Wenn man davon ausgeht, dass alle Torten rund waren und etwa den gleichen Durchmesser hatten: Wie viele Tortenplatten werden für den Transport benötigt?

____

____

____

____

174 ★★☆ Anteile berechnen

Berechne und gib die Ergebnisse an. Nicht immer kommen ganze Zahlen heraus.

a) Die Hälfte von 42: ______ Ein Viertel von 100: ______

b) Ein Viertel von 32: ______ Ein Achtel von 100: ______

c) Ein Sechzehntel von 16: ______ Ein Dreizehntel von 26: ______

d) Ein Hunderstel von 1000: ______ Ein Tausendstel von 100: ______

e) Ein Viertel von 90: ______ Ein Drittel von 189: ______

173) Ein Viertel plus zwei mal eine Hälfte plus drei Viertel ergibt zwei Ganze, ein Viertel plus eine Hälfte plus ein Zwölftel plus zwei Zwölftel ergibt ein weiteres Ganzes, da drei Zwölftel gleich ein Viertel sind. Also: insgesamt braucht man drei Tortenplatten für die Reste.

174) a) 21; 25; **b)** 8; 12,5; **c)** 1; 2; **d)** 10; 0,1 oder ein Zehntel; **e)** 22,5; 63

175 ★★☆ Anteile darstellen I

Nimm dir ein Blatt kariertes Papier und zeichne darauf ein Quadrat mit der Seitenlänge von acht Kästchen. Wenn du alle Kästchen zählst, die in dem Quadrat liegen, müsstest du auf 64 Kästchen kommen. Richtig?

a) Male vier Kästchen lila an, acht Kästchen blau und weitere vier gelb. Welcher Anteil des gesamten Quadrats ist lila, welcher blau und welcher gelb?

____

____

b) Wie groß ist der Anteil der angemalten Kästchen insgesamt? Wie groß ist der Anteil der nicht angemalten Kästchen?

____

____

c) Ändern sich die Antworten bei a) und b), wenn du zwar gleich viele, aber andere Kästchen anmalst?

____

____

176 ★★☆ Anteile darstellen II

Nimm dir wieder ein Blatt kariertes Papier und zeichne darauf erneut ein Quadrat mit der Seitenlänge von acht Kästchen.

a) Male ein Viertel aller Kästchen grün und ein Sechzehntel aller Kästchen rot an. Wie viele Kästchen sind nun grün, wie viele sind rot?

____

____

b) Vergleiche mit Kurztest 175. Welche Anteile sind offenbar gleich?

____

____

175) a) Lila: vier von vierundsechzig, also vier Vierundsechzigstel; bei gelb genauso, blau: acht Vierundsechzigstel; **b)** insgesamt: sechzehn Vierundsechzigstel sind angemalt, achtundvierzig Vierundsechzigstel nicht; **c)** Nein, es spielt keine Rolle für die Größe des Anteils, welche Kästchen man anmalt.
176) a) Grün: 16 Kästchen; rot: vier Kästchen; **b)** 4 Kästchen von 64 kann man offenbar schreiben als vier Vierundsechzigstel oder auch als ein Sechzehntel; 16 von 64 als sechzehn Vierundsechzigstel oder auch als ein Viertel

177 ★★☆ Anteile bei Kreisdiagrammen

Welche Anteile sind gefärbt?

a)

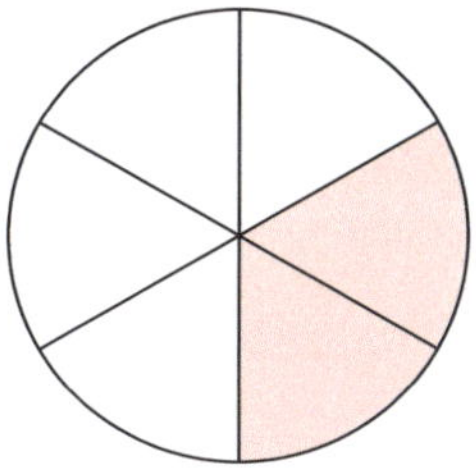

b)

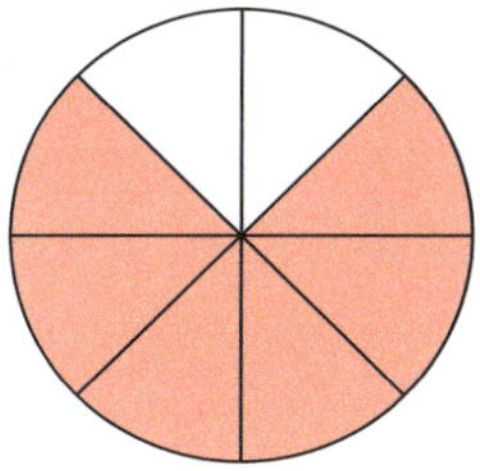

c)

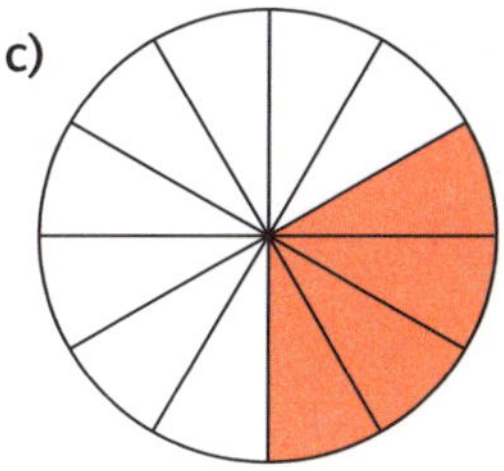

Was fällt dir auf, wenn du die Diagramme a) und c) miteinander vergleichst?

Finde eine dritte Möglichkeit, den Anteil von a) bzw. c) auszudrücken.

Zeichne die von dir gefundene Möglichkeit in dieses Kreisdiagramm ein. Musst du es weiter unterteilen oder genügt dir die vorgegebene Einteilung?

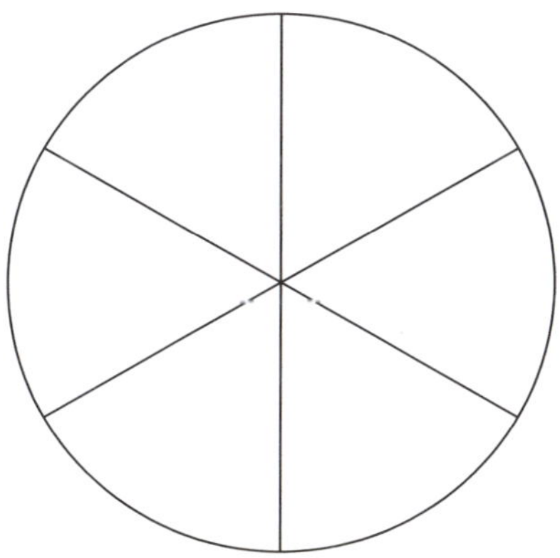

177) a) zwei Sechstel; **b)** sechs Achtel; **c)** vier Zwölftel. Bei **a)** und **c)** ist jeweils die gleiche Fläche eingefärbt. Bei zwei Sechstel und vier Zwölftel muss es sich also um den gleichen Anteil handeln. Dritte Möglichkeit: z. B. ein Drittel oder acht Vierundzwanzigstel, sechzehn Achtundvierzigstel …

178 ★★☆ Gleiche Anteile, verschiedene Namen

Wie groß ist der Anteil der gefärbten Kreisteile?
Schreibe jeweils zwei Möglichkeiten auf bzw. vervollständige das Kreisdiagramm für die angegebenen Anteile.

a) 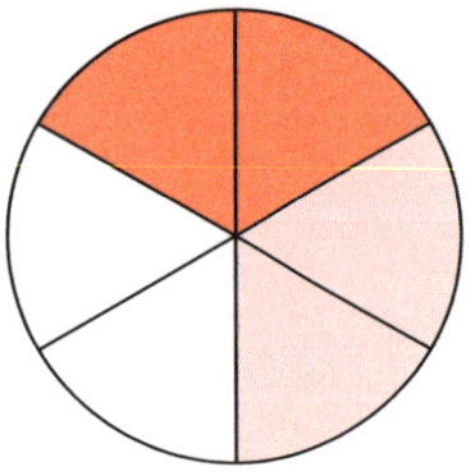	
b) 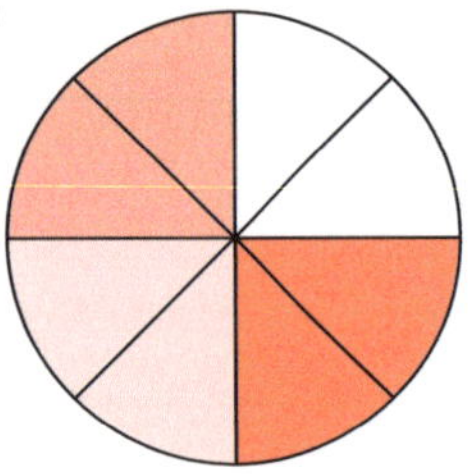	
c) 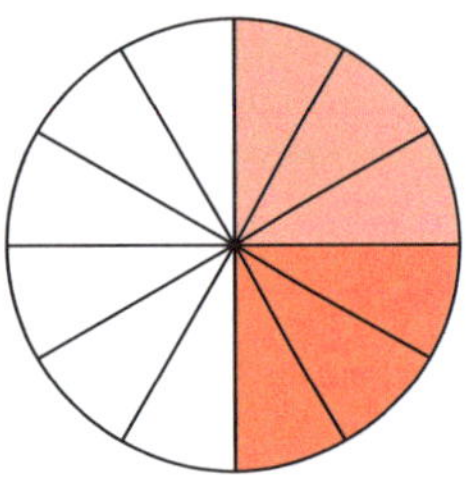	
d) 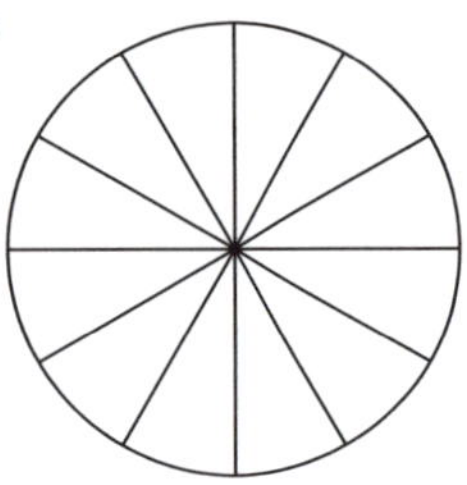	Zwei Zwölftel oder ein Sechstel

178) a) Vier Sechstel oder zwei Drittel; **b)** sechs Achtel oder drei Viertel; **c)** sechs Zwölftel oder zwei Viertel oder ein Halbes; **d)** z. B.:

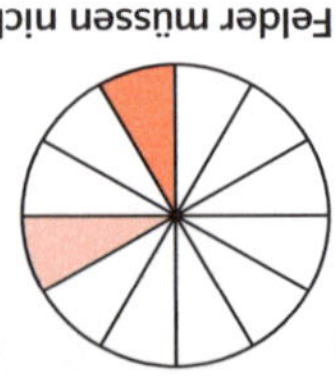 oder 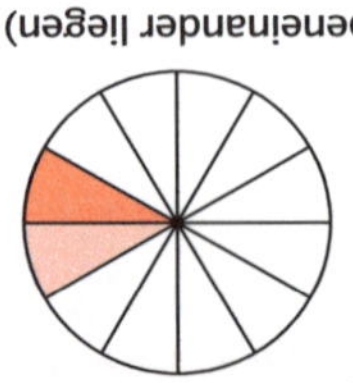

(Die gefärbten Felder müssen nicht nebeneinander liegen)

179 ★★☆ Welche Namen bezeichnen den gleichen Anteil?

Finde jeweils aus der linken und der rechten Spalte zwei Namen, die den gleichen Anteil bezeichnen und verbinde sie:

a) Vier Hundertstel	1) Ein Drittel
b) Sechs Siebzehntel	2) Ein Fünfundzwanzigstel
c) Fünfzig Zweihundertstel	3) Ein Zehntel
d) Sieben Siebzigstel	4) Vier Fünftel
e) Acht Zehntel	5) Zwölf Vierunddreißigstel
f) Zwanzig Sechzigstel	6) Ein Viertel

180 ★★★ Anteile anders angeben

Wie du bereits weißt, gibt es immer verschiedene Möglichkeiten, die Größe eines Anteils anzugeben. Wie diese Möglichkeiten zusammenhängen, kannst du hier näher untersuchen.

Setze jeweils die Reihe um drei weitere Elemente fort.

a) ein Drittel zwei Sechstel vier Zwölftel ____________________

____

b) drei Fünftel sechs Zehntel ____________________

____

c) zwei Siebtel vier Vierzehntel ____________________

____

d) sechzehn Zweiunddreißigstel acht Sechzehntel ____________________

____

179) a) und 2); **b)** und 5); **c)** und 6); **d)** und 3); **e)** und 4); **f)** und 1)
180) a) acht Vierundzwanzigstel – sechzehn Achtundvierzigstel – zweiunddreißig Sechsundneunzigstel
b) zwölf Zwanzigstel – vierundzwanzig Vierzigstel – achtundvierzig Achtzigstel; **c)** acht Achtundzwanzigstel – sechzehn Sechsundfünfzigstel – zweiunddreißig Hundertzwölftel; **d)** vier Achtel – zwei Viertel – ein Halbes

181 ★★☆ Nichts Ganzes und nichts Halbes

Ein Viertel kann man auch darstellen als zwei Achtel, vier Sechzehntel usw.

a) Ergänze zu einer richtigen Aussage:

Ein Viertel bezeichnet denselben Anteil wie ______________________ Hundertstel,

siebzehn ______________________ oder auch

______________________ Hundertvierundachtzigstel.

b) Notiere zehn weitere Möglichkeiten, den Anteil ein Viertel anzugeben:

____

____

____

____

182 ★★☆ Teile eines Ganzen

Angegeben sind hier nur Teile eines Ganzen. Ergänze jeweils zur ganzen Figur.

a) Hier ist der Anteil ein Halbes dargestellt.

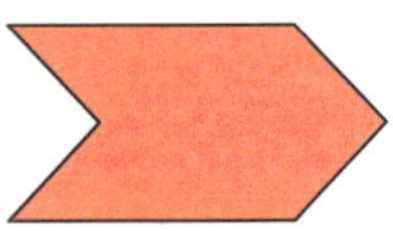

b) Dargestellter Anteil: ein Viertel

c) Dargestellter Anteil: zwei Drittel

181) a) fünfundzwanzig – Achtundsechzigstel – sechsundvierzig;
b) z. B. drei Zwölftel, sieben Achtundzwanzigstel, zehn Vierzigstel, dreizehn Zweiundfünfzigstel, sechs Vierundzwanzigstel; fünf Zwanzigstel; elf Vierundvierzigstel; neun Sechsunddreißigstel; zweihundert Achthundertstel; hundertfünfundzwanzig Fünfhundertstel; …

182) a) z. B.:

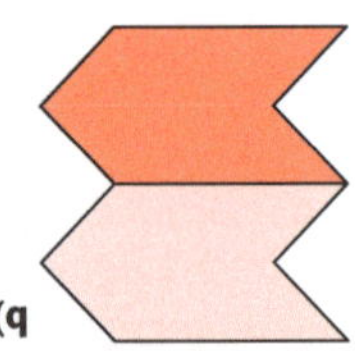

b) z. B.:

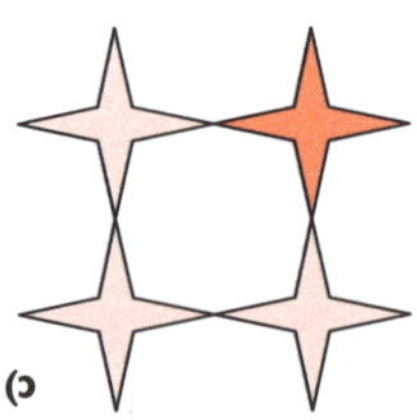

c) z. B.:

183 ★★☆ Bruchschreibweise

Die Anteile kann man auch durch Zahlen ausdrücken, nämlich durch so genannte Bruchzahlen. Statt „zwei Drittel" kann man auch schreiben: $\frac{2}{3}$.

Schreibe die folgenden Anteile als Bruchzahlen:

a) sechzehn Hundertstel ____________ zwei Fünftel: ____________

b) sechs Neunzehntel: ____________ elf Zwölftel: ____________

c) fünfzig Zweihundertstel: ____________ ein Tausendstel: ____________

d) sieben Vierzigstel: ____________ drei Viertel: ____________

e) neun Zehntel: ____________ zehn Millionstel: ____________

f) zwanzig Neunzigstel: ____________ vier Achtel: ____________

184 ★★☆ Vergleichen von einfachen Brüchen

Stelle dir die Brüche als Anteile vor und setze jeweils < oder > oder = ein:

a)	$\frac{1}{4}$	$\frac{3}{4}$	$\frac{1}{5}$	$\frac{3}{5}$	$\frac{4}{4}$	$\frac{3}{3}$
b)	$\frac{2}{4}$	$\frac{2}{8}$	$\frac{1}{8}$	$\frac{1}{4}$	$\frac{1}{16}$	$\frac{2}{8}$
c)	$\frac{3}{9}$	$\frac{1}{3}$	$\frac{1}{2}$	$\frac{2}{4}$	$\frac{1}{10}$	$\frac{2}{10}$
d)	$\frac{2}{100}$	$\frac{1}{100}$	$\frac{2}{100}$	$\frac{2}{10}$	$\frac{1}{4}$	$\frac{1}{3}$
e)	$\frac{3}{12}$	$\frac{4}{12}$	$\frac{2}{12}$	$\frac{1}{6}$	$\frac{1}{12}$	$\frac{1}{6}$

183) a) $\frac{16}{100}$; $\frac{2}{5}$; **b)** $\frac{6}{19}$; $\frac{11}{12}$; **c)** $\frac{50}{200}$; $\frac{1}{1000}$; **d)** $\frac{7}{40}$; $\frac{3}{4}$; **e)** $\frac{9}{10}$; $\frac{10}{1\,000\,000}$; **f)** $\frac{20}{90}$; $\frac{4}{8}$

184) a) <; <; =; **b)** >; <; <; **c)** =; =; <; **d)** >; <; <; **e)** <; =; <

185 ★★☆ Schülerbefragung I

Till und Jakob haben für die Schülerzeitung ihrer Schule eine Befragung durchgeführt. Befragt wurden insgesamt 160 Schülerinnen und Schüler. Jetzt wollen Till und Jakob die Ergebnisse in den Artikel einbauen. Sie würden gerne einige Informationen als Brüche darstellen. Kannst du ihnen helfen?

Information
a) Von den 160 befragten Schülerinnen und Schülern sind 72 weiblich.
b) 112 Schüler und Schülerinnen kommen mit ihren Mitschülern gut klar.
c) 144 freuen sich schon sehr auf die Ferien.
d) 8 sind in ihrem Leben schon zweimal umgezogen.
e) 40 gaben als Lieblingstier „Hund“ an.
f) 80 fahren gerne Fahrrad oder Inliner.
g) 31 haben einen sehr langen Schulweg.

Passender Bruch
a)
b)
c)
d)
e)
f)
g)

186 ★★☆ Schülerbefragung II

Ordne die Bruchzahlen aus Kurztest 185 der Größe nach an. Beginne mit dem kleinsten Wert.

185) a) $\frac{72}{160}$; **b)** $\frac{112}{160}$; **c)** $\frac{144}{160}$; **d)** $\frac{8}{160}$; **e)** $\frac{40}{160}$; **f)** $\frac{80}{160}$; **g)** $\frac{31}{160}$

186) $\frac{8}{160} < \frac{31}{160} < \frac{40}{160} < \frac{72}{160} < \frac{80}{160} < \frac{112}{160} < \frac{144}{160}$

187 ★★☆ Schülerbefragung III

Man kann Brüche so schreiben, dass jeder einen möglichst kleinen Nenner hat.
Statt $\frac{72}{160}$ aus der Aufgabe Schülerbefragung I könnte man auch $\frac{36}{80}$ schreiben.

Findet man für jeden Bruch aus der Aufgabe Schülerbefragung I eine solche Vereinfachung? Probiere es aus. Bei welcher Aufgabe findet man den kleinsten Nenner?

a) ______________________ b) ______________________

c) ______________________ d) ______________________

e) ______________________ f) ______________________

188 ★★☆ Schülerbefragung IV

Kann man die Ergebnisse aus Kurztest 187 genauso gut der Größe nach anordnen wie die ursprünglichen Brüche? Begründe.

____

____

____

____

189 ★☆☆ Nenner verschieden, Zähler gleich

Ordne die Bruchzahlen der Größe nach an. Beginne mit dem kleinsten Wert.

$$\frac{3}{8} \quad \frac{3}{11} \quad \frac{3}{110} \quad \frac{3}{7} \quad \frac{3}{1} \quad \frac{3}{4} \quad \frac{3}{3}$$

____

187) a) $\frac{112}{160} = \frac{7}{10}$; **b)** $\frac{144}{160} = \frac{9}{10}$; **c)** $\frac{8}{160} = \frac{1}{20}$; **d)** $\frac{40}{160} = \frac{1}{4}$; **e)** $\frac{80}{160} = \frac{1}{2}$; **f)** $\frac{31}{160}$ kann nicht weiter vereinfacht werden, insgesamt hat der Bruch der Teilaufgabe e) den kleinsten Nenner.

188) Nein, den Bruchzahlen aus der Aufgabe 187 sieht man nicht auf Anhieb an, welche die größte Zahl ist. Wenn die Nenner gleich groß sind, kann man Brüche viel besser vergleichen, da man dann nur auf die Zähler achten muss.

189) $\frac{3}{110} < \frac{3}{11} < \frac{3}{8} < \frac{3}{7} < \frac{3}{4} < \frac{3}{3} < \frac{3}{1}$

190 ★★☆ Erweitern

Wir haben schon gesehen, dass man Brüche auch umformen kann, ohne dass sich der Anteil ändert. Z. B. können wir **Nenner und Zähler** eines Bruches jeweils **mit derselben Zahl multiplizieren.** Das nennt man **erweitern.**

Beispiel: Erweitere den Bruch $\frac{1}{2}$ mit 3: $\frac{1}{2} = \frac{1 \cdot 3}{2 \cdot 3} = \frac{3}{6}$

Erweitere wie im Beispiel:

a) $\frac{3}{5}$ mit 5: ______

b) $\frac{7}{9}$ mit 3: ______

c) $\frac{4}{5}$ mit 2: ______

d) $\frac{1}{10}$ mit 10: ______

191 ★★☆ Richtig oder falsch?

Wurde hier richtig erweitert? Mit welcher Zahl? Berichtige, falls nötig.

a) $\frac{5}{6} = \frac{35}{42}$ b) $\frac{1}{4} = \frac{24}{100}$

c) $\frac{4}{7} = \frac{12}{14}$ d) $\frac{13}{15} = \frac{65}{75}$

190) a) $\frac{15}{25}$; **b)** $\frac{21}{27}$; **c)** $\frac{8}{10}$; **d)** $\frac{10}{100}$

191) a) Richtig, erweitert mit 7; **b)** Falsch: Nenner mit 25, Zähler mit 24; richtig wäre: $\frac{25}{100}$ oder $\frac{24}{96}$;
c) Falsch: Nenner mit 3, Zähler mit 2; richtig wäre $\frac{12}{21}$ oder $\frac{8}{14}$; **d)** Richtig, erweitert mit 5

192 ★☆☆ Kürzen

Eine andere Möglichkeit, Brüche umzuformen, ohne dass sich der Wert des Bruches ändert, ist das **Kürzen:** Man **dividiert Nenner und Zähler** eines Bruches jeweils **durch dieselbe Zahl** und sucht dafür zunächst **gemeinsame Teiler** von Zähler und Nenner.
Beispiel: Kürze den Bruch $\frac{12}{66}$ mit 6: $\frac{12:6}{66:6} = \frac{2}{11}$

Kürze wie im Beispiel mit der angegebenen Zahl:

a) $\frac{25}{55}$ mit 5: ______________________

b) $\frac{38}{42}$ mit 2: ______________________

c) $\frac{45}{54}$ mit 9: ______________________

193 ★★☆ Vollständiges Kürzen

Viele Brüche lassen sich mehrfach kürzen, bis Zähler und Nenner teilerfremd sind.
Beispiel: Kürze den Bruch $\frac{24}{30}$ vollständig: $\frac{24}{30} = \frac{24:2}{30:2} = \frac{12}{15} = \frac{12:3}{15:3} = \frac{4}{5}$

Kürze wie im Beispiel vollständig. Du kannst auch „in einem" kürzen:

a) $\frac{36}{54}$ = ______________________

b) $\frac{72}{144}$ = ______________________

c) $\frac{55}{95}$ = ______________________

d) $\frac{40}{64}$ = ______________________

192) a) $\frac{5}{11}$; b) $\frac{19}{21}$; c) $\frac{5}{6}$
193) a) $\frac{2}{3}$; b) $\frac{1}{2}$; c) $\frac{11}{19}$; d) $\frac{5}{8}$

194 ★★☆ ggT: Größter gemeinsamer Teiler

Beim **Kürzen** hilft dir die Untersuchung der **Teilermengen** von Zähler und Nenner weiter. Der **größte** gemeinsame **T**eiler heißt **ggT**. Wenn du vollständig kürzen willst, ermittle zuerst den ggT und kürze dann mit dieser Zahl – fertig!

Fülle die Lücken bei a) und bearbeite Teilaufgabe b) genauso:

a) Ermittle den ggT der Zahlen 12 und 18: $T_{12} = \{1; 2;$ $12\}$,

$T_{18} = \{$ $\}$, **größter** gemeinsamer Teiler: ____________

Wenn man $\frac{12}{18}$ direkt mit dem ggT kürzt, erhält man: ____________

b) Ermittle den ggT der Zahlen 27 und 153:

____

____

195 ★★☆ kgV: Kleinstes gemeinsames Vielfaches

Oft will man einen Bruch so erweitern, dass er den gleichen Nenner hat wie ein anderer Bruch, wie du bei den folgenden Aufgaben noch sehen wirst. Dafür ist es nützlich, das **k**leinste **g**emeinsame **V**ielfache (**kgV**) zu ermitteln.

Fülle die Lücken bei a) und bearbeite dann Teilaufgabe b) genauso.

a) Ermittle das kgV der Zahlen 4 und 10: $V_4 = \{4; 8;$ $\ldots\}$

$V_{10} = \{$ $\ldots\}$, **kleinstes** gemeinsames Vielfaches: ____________

b) Ermittle das kgV der Zahlen 12 und 8: ____________

____

____

194) a) $T_{12} = \{1; 2; 3; 4; 6; 12\}$; $T_{18} = \{1; 2; 3; 6; 9; 18\}$, ggT: 6; also $\frac{12}{18} = \frac{12:6}{18:6} = \frac{2}{3}$;
b) $T_{27} = \{1; 3; 9; 27\}$; $T_{153} = \{1; 3; 9; 17; 51; 153\}$, ggT: 9; also $\frac{27}{153} = \frac{27:9}{153:9} = \frac{3}{17}$;
195) a) $V_4 = \{4; 8; 12; 16; 20; 24; \ldots\}$; $V_{10} = \{10; 20; 30; \ldots\}$, kgV: 20;
b) $V_{12} = \{12; 24; 36; \ldots\}$; $V_8 = \{8; 16; 24; 32 \ldots\}$, kgV: 24

196 ★★☆ Auf den gleichen Nenner gebracht

Möchte man Brüche vergleichen, macht es oft Sinn, zuerst die Brüche so zu erweitern (oder zu kürzen), dass beide Nenner gleich sind, das heißt, man macht sie gleichnamig. Dann kann man einfach am kleineren Zähler den kleineren Bruch erkennen.

Schreibe wie im Beispiel erst einen der beiden Brüche so, dass er den gleichen Nenner besitzt wie der andere:

Aufgabe			Umformen eines Bruches	Größenvergleich
Bsp.:	$\frac{1}{3}$	$\frac{7}{12}$	$\frac{1}{3} = \frac{1 \cdot 4}{3 \cdot 4} = \frac{4}{12}$	also $\frac{4}{12} < \frac{7}{12}$; $\frac{1}{3} < \frac{7}{12}$
a)	$\frac{3}{4}$	$\frac{6}{8}$		
b)	$\frac{5}{6}$	$\frac{17}{18}$		
c)	$\frac{2}{9}$	$\frac{1}{3}$		
d)	$\frac{7}{15}$	$\frac{2}{5}$		

197 ★★☆ Einfache Bruchzahlen ordnen

Bringe zuerst alle Bruchzahlen auf den gleichen Nenner. Ordne der Größe nach.

$$\frac{3}{32} \quad \frac{16}{32} \quad \frac{2}{8} \quad \frac{4}{16} \quad \frac{2}{2} \quad \frac{1}{32} \quad \frac{3}{4} \quad \frac{7}{8}$$

196) a) $\frac{3}{4} = \frac{6}{8}$, also $\frac{6}{8} = \frac{6}{8}$ und damit auch $\frac{3}{4} = \frac{6}{8}$; **b)** $\frac{5}{6} = \frac{15}{18}$, $\frac{15}{18} < \frac{17}{18}$, also $\frac{5}{6} = \frac{15}{18}$, $\frac{15}{18} < \frac{17}{18}$; **c)** $\frac{1}{3} = \frac{3}{9}$, $\frac{2}{9} < \frac{3}{9}$; also $\frac{2}{9} < \frac{1}{3}$;
d) $\frac{2}{5} = \frac{6}{15}$, $\frac{7}{15} > \frac{6}{15}$, also $\frac{7}{15} > \frac{2}{5}$

197) $\frac{2}{8} = \frac{8}{32}$; $\frac{4}{16} = \frac{8}{32}$; $\frac{2}{2} = \frac{32}{32}$; $\frac{3}{4} = \frac{24}{32}$; $\frac{7}{8} = \frac{28}{32}$, also ergibt sich vom kleinsten Wert angefangen:
$\frac{1}{32} < \frac{3}{32} < \frac{2}{8} = \frac{4}{16} < \frac{16}{32} < \frac{3}{4} < \frac{7}{8} < \frac{2}{2}$

198 ★★☆ Was ist ein unechter Bruch?

Unechte Brüche sind Brüche, bei denen der Zähler größer ist als der Nenner, z. B. $\frac{15}{12}$.
Das kann man sich so vorstellen: Von zwei Torten mit jeweils 12 Stücken ist noch eine ganze Torte übrig und zusätzlich noch drei weitere Stücke der anderen Torte.
Gesamt $\frac{12}{12} + \frac{3}{12} = \frac{15}{12}$ oder $1 + \frac{3}{12}$ bzw. als gemischte Zahl geschrieben: $1\frac{3}{12}$.

Stelle dieses Beispiel an einem Kreisdiagramm dar.

199 ★★☆ Darstellung unechter Brüche

Schreibe als Bruch und als gemischte Zahl:

a)

b)

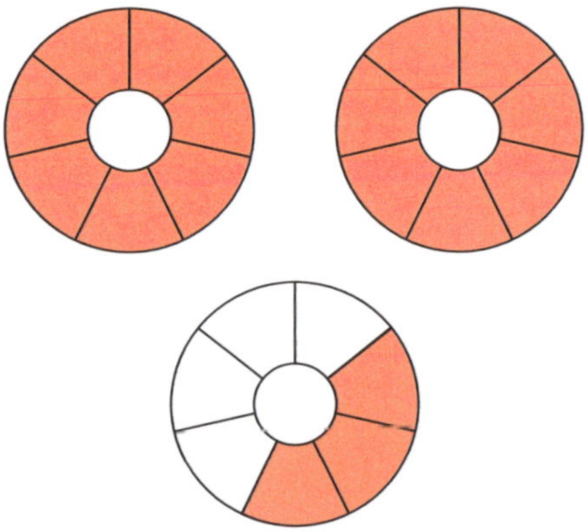

198)

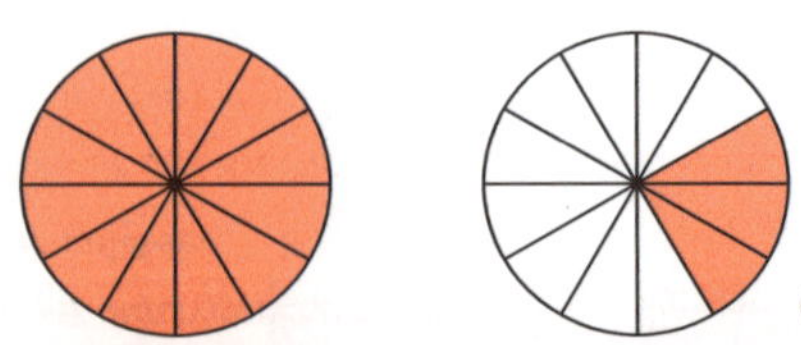

199) a) Bruch: $\frac{16}{16} + \frac{5}{16} = \frac{21}{16}$, gemischt: $1\frac{5}{16}$; **b)** Bruch: $\frac{7}{7} + \frac{7}{7} + \frac{3}{7} = \frac{17}{7}$; gemischt: $2\frac{3}{7}$

200 ★★☆ Vom Bruch zur gemischten Zahl

Wandle die Brüche in gemischte Zahlen um und erkläre kurz, wie du vorgehst:

a) $\frac{17}{5}$ b) $\frac{41}{4}$

c) $\frac{15}{3}$ d) $\frac{147}{12}$

e) $\frac{56}{11}$ f) $\frac{78}{10}$

201 ★★☆ Von der gemischten Zahl zum Bruch

Wandle die gemischten Zahlen in Bruchzahlen um und erkläre dein Vorgehen:

a) $1\frac{1}{2}$ b) $4\frac{2}{3}$

c) $10\frac{2}{5}$ d) $3\frac{7}{9}$

e) $5\frac{2}{13}$ f) $9\frac{4}{11}$

200) a) $3\frac{2}{5}$; **b)** $10\frac{1}{4}$; **c)** 5; **d)** $12\frac{3}{12}$; **e)** $5\frac{1}{11}$; **f)** $7\frac{8}{10}$. Man teilt den Nenner durch den Zähler. Der ganzzahlige Anteil des Quotienten ergibt die erste Zahl, der Rest wird als Bruch stehen gelassen.

201) a) $\frac{3}{2}$; **b)** $\frac{14}{3}$; **c)** $\frac{52}{5}$; **d)** $\frac{34}{9}$; **e)** $\frac{67}{13}$; **f)** $\frac{103}{11}$. Man multipliziert den Nenner des Bruchs mit der ganzen Zahl und addiert den Zähler. Das Ergebnis schreibt man in den neuen Zähler, den Nenner übernimmt man.

202 ★★☆ Gleichnamige Brüche: Strichrechnung

Ergänze:

Gleichnamig bedeutet, dass mehrere Brüche ______________________________

Zwei gleichnamige Brüche addiert man, indem man ihre ______________________

addiert und den ______________________________ beibehält. Gleichnamige

Brüche werden subtrahiert, indem man ______________________________

Beispiel für Addition gleichnamiger Brüche: ______________________________

Beispiel für Subtraktion gleichnamiger Brüche: ______________________________

203 ★☆☆ Addition von gleichnamigen Brüchen

Berechne und gib die Ergebnisse an.

a) $\frac{1}{6} + \frac{4}{6} =$ ______________________________

b) $\frac{3}{17} + \frac{10}{17} =$ ______________________________

c) $\frac{6}{57} + \frac{11}{57} =$ ______________________________

d) $\frac{16}{101} + \frac{37}{101} =$ ______________________________

e) $\frac{189}{1000} + \frac{38}{1000} =$ ______________________________

202) den gleichen Nenner haben. – Zähler – Nenner. – ihre Zähler subtrahiert und den Nenner beibehält. – Beispiel für Addition: $\frac{2}{15} + \frac{11}{15} = \frac{13}{15}$; Beispiel für Subtraktion: $\frac{17}{21} - \frac{4}{21} = \frac{13}{21}$

203) a) $\frac{5}{6}$; **b)** $\frac{13}{17}$; **c)** $\frac{17}{57}$; **d)** $\frac{53}{101}$; **e)** $\frac{227}{1000}$

204 ★☆☆ Subtrahieren von gleichnamigen Brüchen

Berechne und gib die Ergebnisse an:

a) $\frac{17}{27} - \frac{10}{27} =$ ______

b) $\frac{25}{47} - \frac{16}{47} =$ ______

c) $\frac{41}{11} - \frac{13}{11} =$ ______

d) $\frac{105}{17} - \frac{68}{17} =$ ______

e) $\frac{73}{100} - \frac{72}{100} =$ ______

205 ★★☆ Verschiedene Nenner

Haben zwei Brüche verschiedene Nenner, muss man sie vor der Addition oder Subtraktion zuerst gleichnamig machen.

Berechne:

a) $\frac{3}{8} - \frac{1}{4} =$ ______

b) $\frac{4}{7} + \frac{1}{14} =$ ______

c) $\frac{15}{12} - \frac{5}{6} =$ ______

205) a) $\frac{1}{8}$; b) $\frac{9}{14}$; c) $\frac{5}{12}$

204) a) $\frac{7}{27}$; b) $\frac{9}{47}$; c) $\frac{28}{11}$; d) $\frac{37}{17}$; e) $\frac{1}{100}$

206 ★★☆ Weitere Aufgaben mit verschiedenen Nennern

Mache die Brüche gleichnamig und berechne dann die Ergebnisse.

a) $\frac{3}{2} + \frac{5}{11} =$ ____

b) $\frac{23}{8} - \frac{3}{4} =$ ____

c) $\frac{6}{7} + \frac{31}{28} =$ ____

d) $\frac{25}{14} - \frac{4}{3} =$ ____

e) $\frac{1}{5} + \frac{5}{16} =$ ____

Welche zwei Lösungen haben ungefähr den Wert $\frac{1}{2}$? Wie groß sind die anderen Ergebnisse etwa? ____

207 ★★☆ Finde den Fehler!

Diese Berechnungen sind beide falsch. Berichtige. Wo lag jeweils der Fehler?

a) $\frac{4}{5} - \frac{1}{3} = \frac{3}{2}$ Richtig wäre:

Fehler: ____

b) $\frac{4}{3} + \frac{3}{7} = \frac{28}{21} + \frac{3}{21} = \frac{31}{21}$ Richtig wäre:

Fehler: ____

206) a) $\frac{43}{22}$; **b)** $\frac{17}{8}$; **c)** $\frac{55}{28}$; **d)** $\frac{19}{42}$; **e)** $\frac{41}{80}$; **d)** und **e)** sind etwa $\frac{1}{2}$, die anderen sind ungefähr 2.
207) a) Richtig: $\frac{7}{15}$; statt gleichnamig zu machen, wurde Nenner minus Nenner und Zähler minus Zähler gerechnet;
b) Richtig: $\frac{37}{21}$; zweiter Summand falsch erweitert (Zähler nicht mit 3 multipliziert)

208 ★★☆ Strichrechnung mit gemischten Zahlen

Wandle die gemischten Zahlen erst in Brüche um. Berechne dann die Lösungen und schreibe wenn möglich die Ergebnisse wieder als gemischte Zahl.

a) $2\frac{3}{5} - 1\frac{4}{5} =$ ______

b) $14\frac{2}{3} - 6\frac{1}{3} =$ ______

c) $5\frac{3}{4} - 2\frac{1}{2} =$ ______

d) $1\frac{3}{8} + 4\frac{1}{4} =$ ______

209 ★★★ Mehr Strichrechnung mit gemischten Zahlen

Berechne, indem du die ganzen Zahlen getrennt von den Brüchen addierst bzw. subtrahierst. Wenn bei dem Bruch der Zähler größer ist als der Nenner, musst du den Bruch als gemischte Zahl schreiben und mit den ganzen Zahlen verrechnen.

a) $5\frac{1}{2} + 2\frac{1}{3} =$ ______

b) $1\frac{5}{8} - 2\frac{4}{5} =$ ______

c) $3\frac{2}{5} - 1\frac{6}{11} =$ ______

208) a) $\frac{13}{5} - \frac{9}{5} = \frac{4}{5}$; **b)** $\frac{44}{3} - \frac{19}{3} = \frac{25}{3} = 8\frac{1}{3}$; **c)** $\frac{23}{4} - \frac{5}{2} = \frac{23}{4} - \frac{10}{4} = \frac{13}{4} = 3\frac{1}{4}$; **d)** $\frac{11}{8} + \frac{17}{4} = \frac{11}{8} + \frac{34}{8} = \frac{45}{8} = 5\frac{5}{8}$

209) a) $5\frac{3}{6} + 2\frac{2}{6} = 7\frac{5}{6}$; **b)** $1\frac{25}{40} + 2\frac{32}{40} = 3\frac{57}{40} = 4\frac{17}{40}$; **c)** $3\frac{22}{55} - 1\frac{30}{55} = 2\frac{77}{55} - 1\frac{30}{55} = 1\frac{47}{55}$

210 ★★☆ Gleichwertiges

Kreise alle gleichwertigen Rechenausdrücke mit der gleichen Farbe ein.

a) $1\frac{1}{2} + 2\frac{5}{7}$	e) $10\frac{1}{2} - 4\frac{1}{8}$	i) $3\frac{3}{4}$
b) $3\frac{1}{8} - 1\frac{3}{4}$	f) $\frac{45}{14}$	j) $5 - 1\frac{11}{14}$
c) $\frac{51}{8}$	g) $6\frac{3}{8}$	k) $\frac{44}{32}$
d) $\frac{90}{28}$	h) $1\frac{3}{8}$	l) $3\frac{1}{28} + \frac{10}{56}$

211 ★★☆ Früchtesommerpunsch

Bei Ingos Geburtstag ist es sehr heiß und es gibt gekühlten Früchtepunsch für alle Gäste. Das Rezept hat Ingo aus dem Internet heruntergeladen. Schon beim Zubereiten kommt er ins Schwitzen: „So viele gemischte Zahlen … Ob es wohl für alle reicht?"

Berechne die Menge des Früchtepunsches insgesamt. Was meinst du, reicht die Menge für die eingeladenen elf Gäste?

„Mische $1\frac{1}{2}$ l Apfelsaft und $1\frac{1}{4}$ l Orangensaft mit $\frac{3}{4}$ l Maracujasaft. Dazu gibt man noch $\frac{1}{8}$ l Johannisbeernektar und $\frac{1}{4}$ l Bananensaft. Das Ganze füllt man mit $2\frac{1}{4}$ l Mineralwasser auf. Nach Belieben mit Eiswürfeln kühlen."

210) Gleichwertig sind: **a), d), f), i), j), l)** und **b), h), k)** und **c), e), g)**

211) $1\frac{1}{2}\,l + 1\frac{1}{4}\,l + \frac{3}{4}\,l + \frac{1}{8}\,l + \frac{1}{4}\,l + 2\frac{1}{4}\,l = 6\frac{1}{8}\,l$. Bei 12 Personen bekommt jeder etwa einen halben Liter, also gut zwei Wassergläser voll. Wenn es noch zusätzliche Getränke gibt, ist die Menge wohl ausreichend, wenn nicht, eher etwas wenig, da es ein heißer Tag ist.

212 ★★☆ Brüche mit negativen Zahlen

Du hast bereits negative Zahlen kennen gelernt. Natürlich gibt es auch negative Brüche, z. B. wenn man einen bestimmten Schuldenbetrag auf mehrere Leute verteilt. Die Rechenregeln der ganzen Zahlen gelten wie gewohnt.

a) Überlege: Stimmt die folgende Umformung? Begründe. $\frac{-12}{4} = -\frac{12}{4} = -3$

b) Was ist dann das Ergebnis von $\frac{-16}{-32}$**? Kürze vollständig.**

c) Was kommt hier heraus? Forme $\frac{30}{-12}$ **um und kürze vollständig.**

213 ★★☆ Bruchrechnen unter Null

Berechne wie gewohnt. Achte dabei auf die Vorzeichenregeln für ganze Zahlen.

a) $-\frac{2}{3} + \frac{1}{3} =$

b) $\frac{1}{7} - \frac{5}{7} =$

c) $-\frac{5}{14} - \frac{1}{4} =$

d) $\frac{3}{7} - \frac{1}{2} =$

212) a) Ja, denn ein Bruch ist eine Division und minus durch plus ergibt minus. **b)** $\frac{1}{2}$; hier gilt: minus durch minus ergibt plus. **c)** $\frac{30}{-12} = -\frac{30}{12} = -\frac{5}{2}$. Hier gilt: plus durch minus ergibt minus.

213) a) $-\frac{1}{3}$; **b)** $-\frac{4}{7}$; **c)** $-\frac{17}{28}$; **d)** $-\frac{1}{14}$

214 ★★★ Negative Brüche

Forme um wie im Beispiel und berechne. Kürze die Ergebnisse vollständig.

Beispiel: $\frac{-1}{3} + \frac{2}{-3} = -\frac{1}{3} + \left(-\frac{2}{3}\right) = -\frac{1}{3} - \frac{2}{3} = -\frac{3}{3} = -1$

a) $\frac{6}{-7} + \frac{-7}{6} =$ ______________________________

b) $-\frac{-3}{5} - \frac{2}{-5} =$ ______________________________

c) $\frac{4}{-9} - \frac{-1}{-3} =$ ______________________________

215 ★★☆ Mit negativen Brüchen rechnen

Was mit Brüchen geht, muss auch mit gemischten Zahlen funktionieren.
Denke daran: Du kannst gemischte Zahlen in Brüche umwandeln.

a) $-1\frac{2}{9} + \frac{7}{9} =$ ______________________________

b) $2\frac{1}{4} - 4\frac{1}{8} =$ ______________________________

c) $-2\frac{3}{5} - 1\frac{1}{3} =$ ______________________________

d) $-\frac{5}{6} + \left(-3\frac{1}{2}\right) =$ ______________________________

214) a) $-\frac{6}{7} - \frac{7}{6} = -\frac{36}{42} - \frac{49}{42} = -\frac{85}{42} = -2\frac{1}{42}$; **b)** $\frac{3}{5} + \frac{2}{5} = \frac{5}{5} = 1$; **c)** $-\frac{4}{9} - \frac{1}{3} = -\frac{7}{9}$

215) a) $-\frac{4}{9}$; **b)** $-\frac{15}{8} = -1\frac{7}{8}$; **c)** $-\frac{59}{15} = -3\frac{14}{15}$; **d)** $-4\frac{1}{3}$

216 ★★☆ Rechengesetze bei Brüchen

Die bekannten Rechengesetze gelten auch für Brüche. Durch Vertauschen kann man sich Rechenvorteile verschaffen (Vertauschungs- bzw. Kommutativgesetz).

Vertausche geschickt und berechne dann die Ergebnisse. Kürze vollständig.

a) $\frac{1}{2} + \frac{243}{5} + \frac{3}{2} - \frac{243}{5} =$ ______

b) $\frac{9}{8} - \frac{3}{4} - \frac{5}{3} + 4\frac{3}{4} + 1 + \frac{2}{3} - \frac{1}{8} =$ ______

c) $\frac{7}{16} - \frac{11}{121} + \frac{3}{8} - \frac{10}{11} + \frac{3}{16} =$ ______

217 ★★★ Profitraining

Vereinfache die Terme. Denke an die bekannten Rechenregeln. Kürze vollständig.

a) $\frac{3}{7} + \frac{1}{3} - \left(\frac{4}{3} + \frac{3}{7}\right) =$ ______

b) $\frac{4}{9} - \left(\frac{3}{2} - \frac{5}{9} + 2\frac{4}{8}\right) =$ ______

c) $-\left(\frac{3}{4} + \frac{54}{18} - \frac{320}{640}\right) + \left(\frac{2}{18} - \frac{7}{9} + \frac{47}{12}\right) =$ ______

216) a) 2; b) 5; c) 0
217) a) −1; b) −3; c) 0

218 ★★☆ Wasserflaschen

Lisa macht mit ihren Eltern eine Wanderung. „Wir nehmen pro Person einen Liter Wasser mit; es ist ganz wichtig, genug zu trinken“, sagt ihre Mutter. Lisa schaut auf das Etikett der Wasserflaschen: in jede Flasche passt ein Dreiviertel Liter hinein.

a) Reichen drei von den Flaschen für die Familie aus? Begründe in Worten.

b) Wie viele Flaschen sollte die Familie mitnehmen, um tatsächlich für jede Person einen Liter dabei zu haben? Notiere eine Gleichung.

219 ★★☆ Mehr Pudding

Enzo macht am Sommerfest Pudding für die ganze Klasse. In seinem Rezept steht, man brauche $\frac{3}{8}$ l Milch, aber das Rezept ist für 4 Personen, und der Pudding soll für 32 Personen reichen.

a) Mit welcher Zahl muss Enzo die angegebene Milchmenge multiplizieren?

b) Wie viel Liter Milch benötigt Enzo insgesamt? Stelle eine Gleichung auf.

218) a) Nein, da 3 Flaschen nur dann reichen, wenn ein ganzer Liter hineinpasst. Da hier in eine Flasche aber weniger als 1 l passt, müssen mehr Flaschen mitgenommen werden. **b)** 4 Flaschen, denn 2 Flaschen ergeben anderthalb Liter, also passen in 4 Flaschen 3 Liter hinein. Gleichung: $\frac{3}{4}\,\text{l} \cdot 4 = 3\,\text{l}$

219) a) Mit 8, da $32 : 8 = 4$; **b)** Er benötigt 3 l Milch. Gleichung: $\frac{3}{8}\,\text{l} \cdot 8 = 3\,\text{l}$

220 ★☆☆ Vervielfachen von Brüchen

a) Füge die Begriffe Nenner und Zähler richtig in die beiden Lücken ein:

Einen Bruch zu vervielfachen bedeutet, ihn mit einer natürlichen Zahl zu multiplizieren. Dabei muss man den ______________________ des Bruchs mit der natürlichen Zahl multiplizieren. Der ______________________ des Bruchs bleibt zunächst unverändert. Manchmal kann das Ergebnis am Schluss noch gekürzt werden.

b) Notiere die passende Aufgabe zu den folgenden Aussagen und berechne:

Verdopple $\frac{2}{3}$ ______________________

Vervierfache $\frac{1}{2}$ ______________________

Verzehnfache $\frac{3}{10}$ ______________________

221 ★★☆ Übung zum Vervielfachen

Berechne. Kürze die Ergebnisse so weit wie möglich.

a) $2 \cdot \frac{4}{5} =$ ______________________

b) $\frac{6}{7} \cdot 14 =$ ______________________

c) $4 \cdot \frac{11}{8} =$ ______________________

220) a) Zähler, Nenner; **b)** $\frac{2}{3} \cdot 2 = \frac{4}{3} = 1\frac{1}{3}$; $\frac{1}{2} \cdot 4 = \frac{4}{2} = 2$; $\frac{3}{10} \cdot 10 = \frac{30}{10} = 3$

221) a) $\frac{8}{5}$; **b)** $\frac{84}{7} = 12$; **c)** $\frac{44}{8} = \frac{11}{2}$.

Anmerkung: Du hast bei b) und c) zuerst den Nenner des Bruchs mit der natürlichen Zahl gekürzt? Gut gemacht! Dann sieht dein Rechenweg so aus: **b)** $\frac{6}{7} \cdot 14 = \frac{6 \cdot 14}{7} = \frac{6 \cdot 2}{1} = 12$; **c)** $4 \cdot \frac{11}{8} = \frac{4 \cdot 11}{8} = \frac{1 \cdot 11}{2} = \frac{11}{2}$. Beide Wege sind richtig.

222 ★★☆ Vervielfachen auf die schlaue Art I

Manchmal lohnt es sich, den Nenner des Bruchs mit der natürlichen Zahl, mit der vervielfacht wird, zu vergleichen. Sind die beiden Zahlen gleich, hat man es besonders leicht! Aber auch, wenn der Nenner oder die natürliche Zahl ein Vielfaches oder ein Teiler der jeweils anderen Zahl ist, kann man sich Arbeit sparen.

Berechne und kürze vollständig.

a) $\frac{3}{5} \cdot 5 =$ ______

b) $\frac{112\,345}{3} \cdot 3 =$ ______

c) $8 \cdot \frac{17}{4} =$ ______

d) $6 \cdot \frac{244}{12} =$ ______

e) $24 \cdot \frac{156\,400}{2400} =$ ______

223 ★★☆ Vervielfachen auf die schlaue Art II

Kreuze jeweils an, was zutrifft.

a) Wenn der Nenner des Bruchs und die natürliche Zahl gleich sind (wie bei Kurztest 222 a) und b)), ist das Ergebnis

☐ gleich dem Nenner. ☐ gleich dem Zähler.

b) Ist die natürliche Zahl doppelt so groß wie der Nenner des Bruchs (wie bei Kurztest 222 c)), ist das Ergebnis

☐ halb so groß wie der Zähler. ☐ doppelt so groß wie der Zähler.

c) Ist die natürliche Zahl halb so groß wie der Nenner (wie bei Kurztest 222 d)), ist das Ergebnis

☐ halb so groß wie der Zähler. ☐ doppelt so groß wie der Zähler.

222) a) 3; **b)** 112 345; **c)** 34; **d)** 122; **e)** 1564
223) a) gleich dem Zähler; **b)** doppelt so groß wie der Zähler; **c)** halb so groß wie der Zähler

224 ★★★ Vervielfachen mit Trick

Auch ohne Rechnung weiß man, dass gilt $3 \cdot \frac{2}{3} = 2$. Erkläre in eigenen Worten, warum das so ist.

____

____

____

____

225 ★★☆ Erst kürzen, dann vervielfachen!

Berechne möglichst geschickt. Schreibe das Endergebnis als gemischten Bruch.

a) $\frac{7}{12} \cdot 144 =$ ______________________________

b) $\frac{24}{121} \cdot 11 =$ ______________________________

c) $7 \cdot \frac{102}{35} =$ ______________________________

d) $49 \cdot \frac{112}{98} =$ ______________________________

224) Die Aufgabe $3 \cdot \frac{2}{3} = 2$ bedeutet „drei mal zwei durch drei“. Das ist dasselbe wie „zwei mal drei durch drei“ (Vertauschungs- bzw. Kommutativgesetz). Das Ergebnis ist 2, denn es hebt sich auf, wenn man mit drei multipliziert und dann wieder durch drei dividiert. Das heißt: Man kann nicht nur Nenner und Zähler kürzen, sondern auch Nenner und die natürliche Zahl, mit der der Bruch vervielfacht wird.

225) a) $7 \cdot 12 = 84$; **b)** $\frac{24}{11} = 2\frac{2}{11}$; **c)** $\frac{102}{5} = 20\frac{2}{5}$; **d)** $\frac{112}{2} = 56$

226 ★★☆ Schokolade für alle!

Anni hat eine Tafel Schokolade mit in die Schule genommen. In der Pause will sie die Tafel mit ihren beiden besten Freundinnen gemeinsam essen; jede soll ein gleich großes Stück erhalten. Gerade wollen sie genussvoll hineinbeißen, als Gerri, Arne und Johannes vorbeikommen. „Hey, wisst ihr noch, letzte Woche haben wir mit euch eine ganze Tüte Gummibärchen geteilt …" – „Na gut", seufzt Anni, „jeder von euch bekommt eine Hälfte von uns ab."

Wie viel bekommt jedes Kind? Schreibe als Bruchgleichung.

____

____

____

____

227 ★☆☆ Teilen eines Bruchs

a) Füge die Begriffe Nenner und Zähler richtig in die beiden Lücken ein:

Wie kann man einen Bruch durch eine natürliche Zahl teilen?

Man muss den ______________________ des Bruchs mit der natürlichen Zahl multiplizieren. Der ______________________ des Bruchs bleibt zunächst unverändert. Manchmal kann jedoch am Schluss noch weiter gekürzt werden.

b) Notiere die passende Aufgabe zu den folgenden Aussagen und berechne:

Halbiere $\frac{3}{5}$. ______________________

Teile $\frac{1}{2}$ durch 4. ______________________

Berechne den achten Teil von $\frac{7}{10}$. ______________________

226) Jedes Kind bekommt die Hälfte eines Drittels, also ein Sechstel. Bruchgleichung: $\frac{1}{3}:2 = \frac{1}{6}$.

227) a) Nenner; Zähler; **b)** $\frac{3}{5}:2 = \frac{3}{10}$; $\frac{1}{2}:4 = \frac{1}{8}$; $\frac{7}{10}:8 = \frac{7}{80}$

228 ★★☆ Übungen zum Teilen von Brüchen

Berechne. Kürze die Ergebnisse so weit wie möglich.

a) $\frac{7}{15}:2 =$ ______

b) $\frac{4}{11}:6 =$ ______

c) $\frac{54}{3}:9 =$ ______

d) $\frac{100}{7}:5 =$ ______

229 ★★☆ Abendsonne beim Federball

Julia und Olli spielen Federball auf der Straße. Sie spielen immer eine Viertelstunde lang, dann wechseln sie die Seiten. Als die Sonne aber ganz tief steht, meint Olli: „Es ist gerechter, wenn wir öfter die Seiten wechseln, dann wird man nicht so lange am Stück geblendet. Wir können die Viertelstunde noch mal in fünf gleich lange Spieleinheiten aufteilen." „Oder in drei Einheiten!" ruft Julia, „dann muss man nicht ganz so oft auf die Uhr schauen!"

Berechne, nach wie vielen Minuten Olli und Julia jeweils gerne die Seiten tauschen würden. Schreibe jeweils deinen Rechenweg auf.

______

______

______

______

______

______

______

______

______

228) a) $\frac{7}{30}$; **b)** $\frac{4}{66} = \frac{2}{33}$; **c)** $\frac{54}{27} = 2$; **d)** $\frac{100}{35} = \frac{20}{7}$

229) Olli: $\frac{1}{4}:5 = \frac{1}{20}$; $\frac{1}{20}$ von 60 min sind 60 min : 20 = 3 min, Julia: $\frac{1}{4}:3 = \frac{1}{12}$; $\frac{1}{12}$ von 60 min sind 60 min : 12 = 5 min.
Olli möchte also gern nach 3 min, Julia nach 5 min tauschen.

230 ★★★ Teilen auf die schlaue Art I

Manchmal lohnt es sich, den Zähler des Bruchs mit der natürlichen Zahl, durch die geteilt wird, zu vergleichen. Sind die beiden Zahlen gleich, hat man es besonders leicht! Aber auch, wenn eine Zahl ein Vielfaches der anderen ist bzw. ein Teiler, kann man sich ähnlich wie beim Vervielfachen Arbeit sparen.

Berechne und kürze vollständig.

a) $\frac{3}{7}:3=$ ______

b) $\frac{6}{345}:6=$ ______

c) $\frac{34}{9}:17=$ ______

d) $\frac{36}{7}:9=$ ______

e) $\frac{670}{3}:6700=$ ______

231 ★★★ Teilen auf die schlaue Art II

Kreuze jeweils an, was zutrifft.

a) Wenn der Zähler des Bruchs und die natürliche Zahl gleich sind (wie bei Kurztest 230 a) und b)), steht im Zähler des Ergebnisbruchs

☐ die Zahl 1. ☐ der Zähler des Ausgangsbruchs.

b) Ist die natürliche Zahl halb so groß wie der Zähler des Bruchs (wie bei Kurztest 230 c)), steht im Zähler des Ergebnisbruchs

☐ die Zahl 2. ☐ die Hälfte der natürlichen Zahl.

c) Ist die natürliche Zahl ein Viertel des Zählers des Bruchs (wie bei Kurztest 230 d)), steht im Zähler des Ergebnisbruchs

☐ ein Viertel des Nenners. ☐ die Zahl 4.

230) a) $\frac{1}{7}$; **b)** $\frac{1}{345}$; **c)** $\frac{2}{9}$; **d)** $\frac{4}{7}$; **e)** $\frac{1}{30}$

231) a) die Zahl 1; **b)** die Zahl 2; **c)** die Zahl 4

232 ★★★ Teilen mit Trick

Auch ohne viel zu rechnen, weiß man, dass gilt $\frac{12}{7}:6=\frac{2}{7}$.
Erkläre in eigenen Worten, warum das so ist.

____

____

____

____

____

____

233 ★★☆ Erst kürzen, dann teilen!

Berechne möglichst geschickt. Schreibe das Endergebnis als gemischten Bruch.

a) $\frac{196}{11}:14=$ ______________________________

b) $\frac{1800}{7}:180=$ ______________________________

c) $\frac{345}{8}:15=$ ______________________________

d) $\frac{117}{12}:9=$ ______________________________

232) $\frac{12}{7}:6$ kann man auch anders schreiben, nämlich $(12:7):6$. Das ist gleich $(12:6):7$. Also ist das Ergebnis $\frac{2}{7}$.
Das heißt: Man kann nicht nur Nenner und Zähler kürzen, sondern auch Zähler und die natürliche Zahl, durch die der Bruch geteilt wird.

233) a) $\frac{14}{11}=1\frac{3}{11}$; **b)** $\frac{10}{7}=1\frac{3}{7}$; **c)** $\frac{23}{8}=2\frac{7}{8}$; **d)** $\frac{13}{12}=1\frac{1}{12}$

234 ★★☆ Vorsicht Verwechslungsgefahr! I

Ist das Vervielfachen eines Bruchs mit einer natürlichen Zahl das gleiche wie erweitern? Begründe deine Antwort.

235 ★★☆ Vorsicht Verwechslungsgefahr! II

Ist das Teilen eines Bruchs durch eine natürliche Zahl das gleiche wie kürzen? Begründe deine Antwort.

236 ★★☆ Vervielfachen, erweitern, teilen, kürzen

Fülle die Tabelle aus:

	Bruch	Vervielfache mit 3	Erweitere mit 3	Teile durch 3	Kürze mit 3
a)	$\frac{12}{27}$				
b)	$\frac{9}{30}$				
c)	$\frac{15}{81}$				

234) Nein. Beim Erweitern bleibt der Anteil gleich, da man den Zähler UND den Nenner mit der gleichen Zahl vervielfacht. Beim Vervielfachen dagegen verändert man den Anteil, da man nur den Zähler mit der natürlichen Zahl multipliziert.

235) Nein. Beim Kürzen bleibt der Anteil gleich, da man den Nenner UND den Zähler durch die gleiche Zahl teilt. Beim Teilen durch eine natürliche Zahl dagegen verändert man den Anteil, da man nur den Nenner (also den Divisor) mit der natürlichen Zahl multipliziert.

236) a) $\frac{36}{27}$; $\frac{36}{81}$; $\frac{4}{27}$; $\frac{4}{9}$; **b)** $\frac{27}{30}$; $\frac{27}{90}$; $\frac{3}{30}$; $\frac{3}{10}$; **c)** $\frac{45}{81}$; $\frac{45}{243}$; $\frac{5}{81}$; $\frac{5}{27}$

237 ★★☆ Verschiedene Rechenoperatoren

Wurde hier vervielfacht, erweitert, geteilt oder gekürzt? Mit welcher natürlichen Zahl?

a) $\frac{5}{33} \rightarrow \frac{15}{99}$ ______

b) $\frac{24}{14} \rightarrow \frac{24}{42}$ ______

c) $\frac{100}{175} \rightarrow \frac{4}{7}$ ______

d) $\frac{18}{11} \rightarrow \frac{18}{121}$ ______

e) $\frac{3}{5} \rightarrow \frac{66}{5}$ ______

238 ★★☆ Bleibt der Anteil gleich?

Achte beim Lösen auf die Schreibweise. Wo bleibt der Anteil gleich groß?

a) Kürze mit 4: $\frac{4}{28}$ ______

b) Teile durch 6: $\frac{13}{11}$ ______

c) Erweitere mit 5: $\frac{7}{10}$ ______

d) Vervielfache mit 7: $\frac{7}{3}$ ______

239 ★★☆ Erweitern auf Zehnerpotenzen

Erweitere so, dass im Nenner eine Zehnerpotenz (10; 100; 1000; ...) steht.

a) $\frac{2}{50}$ = ______ b) $\frac{5}{25}$ = ______ c) $\frac{3}{250}$ = ______ d) $\frac{3}{8}$ = ______

237) a) Erweitert mit 3; **b)** Geteilt durch 3; **c)** Gekürzt mit 25; **d)** Geteilt durch 11; **e)** Vervielfacht mit 22;
238) a) $\frac{4}{28} = \frac{1}{7}$; **b)** $\frac{13}{11} : 6 = \frac{13}{66}$; **c)** $\frac{7}{10} = \frac{35}{50}$; **d)** $\frac{7}{3} \cdot 7 = \frac{49}{3}$.
Der Anteil bleibt beim Kürzen und beim Erweitern gleich groß, also bei den Teilaufgaben a) und c).
239) a) $\frac{2}{50} = \frac{4}{100}$; **b)** $\frac{5}{25} = \frac{20}{100}$; **c)** $\frac{3}{250} = \frac{12}{1000}$; **d)** $\frac{3}{8} = \frac{375}{1000}$

240 ★★★ Auf der Suche nach dem Rechenzeichen

a) Bestimme die Ergebnisse. Schreibe die Ergebnisse wieder als Brüche.

$\frac{1}{3}$ von 1 ist ______________________ $\frac{1}{3}$ von 2 ist ______________________

$\frac{1}{2}$ von 3 ist ______________________ $\frac{1}{2}$ von 4 ist ______________________

$\frac{1}{8}$ von 4 ist ______________________ $\frac{1}{8}$ von 7 ist ______________________

b) Anstelle des Wörtchens „von" kann man in Teilaufgabe a) ein Rechenzeichen (plus, minus, mal, geteilt) einfügen. Welches?

z. B. $\frac{1}{8}$ _____ $7 = \frac{7}{8}$ Gesuchtes Rechenzeichen: __________

241 ★★☆ Anteile von Anteilen

Bauer Konstantin Kornblume hat sein Ackerland zu $\frac{1}{2}$ mit Getreide bepflanzt. Davon ist $\frac{3}{5}$ Gerste. Statt $\frac{3}{5}$ von $\frac{1}{2}$ können wir die Aufgabe so notieren:

a) Schreibe die Aufgabe mit Rechenzeichen auf.

____

b) Wie viele Felder sind mit Gerste bepflanzt? Male sie aus.

c) Welcher Anteil des Landes von Bauer Kornblume ist mit Gerste bepflanzt?

____

240) a) $\frac{1}{3}$; $\frac{2}{3}$; $\frac{3}{2}$; $\frac{4}{2}$; $\frac{4}{8}$; $\frac{7}{8}$ b) ·; mal

241) a) $\frac{3}{5} \cdot \frac{1}{2}$; b) Drei von zehn Felder sind ausgemalt. c) $\frac{3}{5} \cdot \frac{1}{2} = \frac{3}{10}$

242 ★★☆ Regel für das Multiplizieren von Brüchen

Wir wissen: $\frac{3}{5} \cdot \frac{1}{2} = \frac{3}{10}$. **Ergänze die Regel für die Multiplikation von Brüchen:**

Brüche werden miteinander multipliziert, indem man ihre Nenner ____________________

____ und ihre Zähler ____________________

____.

Beispiel: $\frac{6}{5} \cdot \frac{2}{7} =$

Übrigens: Manchmal kann man die beiden Brüche bereits **vor dem Multiplizieren kürzen** und erspart sich damit eventuell langwierige Rechnungen. Beispiel:

$$\frac{2466}{23} \cdot \frac{23}{1233} = \frac{2466 \cdot 23}{23 \cdot 1233} = \frac{2466 \cdot 23}{1233 \cdot 23} =$$

243 ★★☆ Multiplizieren von Brüchen

Berechne und kürze vollständig. Kann man bereits vor dem Rechnen kürzen?

a) $\frac{1}{2} \cdot \frac{7}{11} =$ ____________________

b) $\frac{8}{15} \cdot \frac{5}{2} =$ ____________________

c) $\frac{7}{1007} \cdot \frac{2014}{28} =$ ____________________

d) $\frac{2}{9} \cdot \frac{81}{5} =$ ____________________

242) miteinander multipliziert – miteinander multipliziert; Ergebnisse: 1. Bsp.: $\frac{12}{35}$; 2. Bsp.: $\frac{2}{1} = 2$
243) a) $\frac{7}{22}$; **b)** $\frac{4}{3}$; **c)** $\frac{2}{4} = \frac{1}{2}$; **d)** $\frac{18}{5}$; man kann bei b), c) und d) schon vor dem Rechnen kürzen.

244 ★★☆ Becher-Rechnen

Jenny feiert im Juli Geburtstag. Sie hat 2 l Eistee in einem Krug vorbereitet und will nun das kühle Getränk gleichmäßig in Gläser füllen. Jedes der Gläser fasst $\frac{1}{5}$ l.
Jenny meint: „Tja, wenn in jedes Glas 1 l passen würde, könnte ich leicht die Anzahl der benötigten Gläser berechnen …"

a) Wie würde Jenny das berechnen? Notiere Rechnung und Schlusssatz.

b) Das Verfahren aus a) kann auch bei Gläsern mit dem Fassungsvermögen $\frac{1}{5}$ l angewendet werden. Wie sieht dann der Rechenterm aus?

c) Wie viele ihrer Gläser kann Jenny insgesamt füllen?

d) Also gilt: $2\,l : \frac{1}{5}\,l = 10$. Was ist das Ergebnis von $3\,l : \frac{1}{5}\,l$?

245 ★★☆ Auch Mineralwasser kann man aufteilen!

Jenny bietet ihren Gästen auch Mineralwasser an. Die Wassergläser fassen $\frac{1}{4}$ l.

Wie viele Wassergläser kann Jenny mit einer $\frac{3}{4}$ l-Flasche füllen? Notiere Rechnung und Schlusssatz.

244) a) $2\,l : 1\,l = 2$, also könnte sie 2 Gläser füllen. **b)** $2\,l : \frac{1}{5}\,l$; **c)** Sie kann 10 Gläser füllen. **d)** 15

245) $\frac{3}{4}\,l : \frac{1}{4}\,l = 3$. Jenny kann drei Gläser Wasser mit einem Dreiviertelliter Mineralwasser füllen.

246 ★★☆ Regel für das Dividieren von Brüchen

Sind die untereinander stehenden Terme gleichwertig? Berechne.

a) $\frac{3}{4}:\frac{1}{4}$ b) $\frac{7}{8}:\frac{1}{8}$ c) $\frac{3}{7}:\frac{1}{7}$

$\frac{3}{4}\cdot\frac{4}{1}$ $\frac{7}{8}\cdot\frac{8}{1}$ $\frac{3}{7}\cdot\frac{7}{1}$

____

____

Formuliere eine Regel für das Dividieren von Brüchen:

Man kann Brüche dividieren, indem man den ersten Bruch unverändert lässt und

____

____

247 ★★☆ Dividieren von Brüchen

Berechne, indem du mit dem Kehrbruch multiplizierst. Kürze vollständig.

a) $\frac{1}{2}:\frac{1}{4}=$ ______________________________

b) $\frac{5}{6}:\frac{3}{4}=$ ______________________________

c) $\frac{8}{764}:\frac{5}{764}=$ ______________________________

d) $\frac{5}{6}:\frac{6}{5}=$ ______________________________

248 ★★☆ Fehlersuche

Hier ist beim Dividieren ein Fehler passiert. Finde ihn und löse die Aufgabe.

$\frac{7}{2}:\frac{3}{2}=\frac{7}{2}\cdot\frac{3}{2}=\frac{21}{4}$ Fehler: ______________________________

Richtige Lösung: ______________________________

246) Ja, alle drei Aufgabenpärchen sind jeweils zueinander gleichwertig. Ergebnisse: **a)** 3; **b)** 7; **c)** 3
Regel: … bei dem Divisorbruch Zähler und Nenner vertauscht. Statt nun durch ihn zu teilen, multipliziert man den ersten Bruch mit eben diesem „umgekehrten“ Bruch, dem so genannten Kehrbruch. Kurz: Man multipliziert den ersten Bruch mit dem Kehrbruch des zweiten Bruchs.

247) a) $\frac{1}{2}\cdot\frac{4}{1}=\frac{4}{2}=2$; **b)** $\frac{5}{6}\cdot\frac{4}{3}=\frac{10}{9}$; **c)** $\frac{8}{764}\cdot\frac{764}{5}=\frac{8}{5}$; **d)** $\frac{5}{6}\cdot\frac{5}{6}=\frac{25}{36}$

248) Fehler: Es wurde nicht mit dem Kehrbruch multipliziert; richtig ist $\frac{7}{2}:\frac{3}{2}=\frac{7}{2}\cdot\frac{2}{3}=\frac{7}{3}$

249 ★★☆ Dividieren ohne Kehrbruch

Ist es immer nötig, mit dem Kehrwert des Divisor-Bruchs zu multiplizieren oder gibt es noch andere Möglichkeiten, Brüche zu dividieren?

a) Berechne mit der „Kehrbruch-Methode“ die Ergebnisse.

$\frac{4}{5} : \frac{4}{5} =$ ______ $\frac{10}{9} : \frac{5}{3} =$ ______

$\frac{18}{33} : \frac{6}{11} =$ ______ $\frac{1}{8} : \frac{1}{4} =$ ______

$\frac{1}{8} : \frac{3}{4} =$ ______ $\frac{3}{7} : \frac{5}{2} =$ ______

b) Siehst du noch eine weitere Möglichkeit, bei a) auf die Ergebnisse zu kommen? (Tipp: Wie multipliziert man Brüche?) Überprüfe, bei welchen Fällen deine Idee gut funktioniert und bei welchen nicht so gut. Begründe.

______

______

______

______

250 ★★☆ Division mit Lücken

Gesucht ist entweder der Dividend, der Divisor oder der Quotient.

a) $\frac{1}{2} : \square = \frac{5}{8}$ b) $\square : \frac{5}{2} = \frac{14}{15}$ c) $\frac{4}{9} : \frac{2}{3} = \square$

249) a) 1. Reihe: 1; $\frac{2}{3}$; 2. Reihe: 1; $\frac{1}{2}$; 3. Reihe: $\frac{1}{6}$; $\frac{6}{35}$ **b)** Man kann auch Zähler geteilt durch Zähler und Nenner geteilt durch Nenner rechnen. Allerdings geht das nur dann gut, wenn die Division ohne Rest aufgeht (bei a) die ersten vier Rechnungen). Mit Rest wird es deutlich schwieriger, da in Brüchen keine Kommazahlen stehen. Insgesamt ist die Kehrbruch-Methode sicherer und einfacher, da sie immer funktioniert.

250) a) $\frac{4}{5}$; **b)** $\frac{7}{3}$; **c)** $\frac{2}{3}$

251 ★★☆ Potenzen

Sind die folgenden Terme gleichwertig? Berechne und vergleiche.

$$\frac{2}{8}\cdot\frac{2}{8}\cdot\frac{2}{8} \quad \text{und} \quad \frac{1}{4}\cdot\frac{1}{4}\cdot\frac{1}{4}$$

____

Du weißt bereits: $3^2 = 3\cdot 3 = 9$. Berechne ebenso und kürze so früh wie möglich.

a) $\left(\frac{3}{2}\right)^2 =$ ______________ b) $\left(\frac{1}{2}\right)^5 =$ ______________

c) $\left(\frac{2}{3}\right)^3 =$ ______________ d) $\left(\frac{4}{1}\right)^3 =$ ______________

e) $\left(\frac{7}{21}\right)^4 =$ ______________ f) $\left(\frac{5}{25}\right)^2 =$ ______________

252 ★★☆ Gemischte Zahlen

Berechne und kürze vollständig. Denke daran: gemischte Zahlen kann man als reine Brüche schreiben.

a) $\frac{4}{6} : 2\frac{1}{2} =$ ______________

b) $1\frac{3}{4} : \frac{15}{8} =$ ______________

c) $3\frac{1}{3} : 4\frac{1}{3} =$ ______________

d) $11\frac{1}{5} : \frac{7}{10} =$ ______________

251) Ja, bei beiden Termen kommt $\frac{1}{64}$ heraus. Allerdings ist der zweite Term leichter zu berechnen. Also: Es lohnt sich, so früh wie möglich zu kürzen. **a)** $\frac{9}{4}$; **b)** $\frac{1}{32}$; **c)** $\frac{8}{27}$; **d)** 64; **e)** $\frac{1}{81}$; **f)** $\frac{1}{25}$

252) a) $\frac{4}{6}\cdot\frac{2}{5} = \frac{4}{15}$; **b)** $\frac{14}{15}$; **c)** $\frac{10}{3}\cdot\frac{3}{13} = \frac{10}{13}$; **d)** $\frac{56}{5}\cdot\frac{10}{7} = 16$

253 ★★☆ Nach der Feier

a) Von den $3\frac{1}{2}$ übrigen Kuchen wurden 6 gleich große Portionen abgepackt, um sie den letzten Gästen mit nach Hause zu geben. Welchen Anteil nahm jeder der 6 glücklichen Gäste mit? Notiere deine Rechnung und einen Schlusssatz.

____

____

____

b) Jeder Kuchen war zuvor bereits in 12 Stücke geteilt worden. Wie viele Stücke hatte jeder der 6 Gäste in seinem Kuchenpaket?

____

____

____

254 ★★☆ Fehlersuche

Bei den Lösungen ist jeweils ein Fehler passiert. Beschreibe ihn und berichtige.

a) $\frac{4}{5} \cdot \frac{6}{7} = \frac{10}{12}$ Fehler: ____________________________

Berichtigung: ________________________________

b) $2\frac{2}{3} \cdot \frac{3}{2} = 2$ Fehler: ____________________________

Berichtigung: ________________________________

c) $\frac{4}{5} : \frac{5}{4} = 1$ Fehler: ____________________________

Berichtigung: ________________________________

253) a) $3\frac{1}{2} : 6 = \frac{7}{2} : 6 = \frac{7}{12}$; jeder Gast nahm etwas mehr als einen halben Kuchen mit.
b) $\frac{7}{12}$ von 12 sind $\frac{7}{12} \cdot 12 = 7$, also 7 Stück.
254) a) Nenner und Zähler wurden jeweils addiert statt multipliziert. Richtiges Ergebnis: $\frac{24}{35}$;
b) Die gemischte Zahl wurde nicht in einen Bruch umgerechnet; richtig wäre: $\frac{8}{3} \cdot \frac{3}{2} = 4$;
c) Statt einer Division wurde hier multipliziert. Richtig wäre: $\frac{4}{5} \cdot \frac{4}{5} = \frac{16}{25}$

255 ★★★ Was passiert wenn ...

Stelle dir eine Divisions- bzw. eine Multiplikationsaufgabe mit zwei Brüchen vor. Wie verändert sich das Ergebnis, wenn ...

a) ... bei einer **Division** der **Divisorbruch (zweiter Bruch) verdoppelt** wird?

____

b) ... bei einer **Multiplikation** der **Nenner eines Bruchs verdreifacht** wird?

____

c) ... bei einer **Multiplikation** der **Zähler eines Bruches halbiert** wird?

____

d) ... bei einer **Division** der **Nenner des Divisorbruchs halbiert** wird?

____

e) ... bei einer **Division** der **Zähler des ersten Bruchs vervierfacht** wird?

____

256 ★★☆ Punkt vor Strich bei Bruchrechnung

Du ahnst es sicher schon: Für das Bruchrechnen gelten die gleichen Vorfahrtsregeln wie bei den natürlichen Zahlen, z. B. Punkt (mal, geteilt) vor Strich (plus, minus).

Berechne die Ergebnisse. Achte darauf: Punktrechnung vor Strichrechnung.

a) $\frac{1}{2} \cdot \frac{6}{5} - \frac{1}{5} =$ ________________________________

b) $\frac{5}{3} - \frac{2}{5} : \frac{8}{10} + \frac{5}{6} =$ ________________________________

c) $\frac{13}{2} \cdot \frac{30}{52} - \frac{14}{5} : \frac{28}{5} =$ ________________________________

255 a) Das Ergebnis wird halb so groß. **b)** Das Ergebnis beträgt ein Drittel des ursprünglichen Ergebnisses. **c)** Das Ergebnis wird halb so groß. **d)** Das Ergebnis wird ebenfalls halb so groß. **e)** Das Ergebnis wird auch viermal so groß.

256 a) $\frac{2}{5}$; **b)** 2; **c)** $\frac{13}{4} = 3\frac{1}{4}$

257 ★★☆ Klammern bei Bruchrechnung

Die Klammernregel gilt wie bei natürlichen Zahlen auch für Brüche.

Berechne. Kürze, wenn möglich. Die Klammer immer zuerst berücksichtigen.

a) $\left(\frac{4}{7}+\frac{1}{7}\right)\cdot\left(\frac{5}{2}-\frac{1}{2}\right) =$ ______

b) $\frac{9}{5}:\left(\frac{3}{10}+\frac{66}{20}\right) =$ ______

c) $\left(\frac{5}{3}-\frac{2}{6}\right):\frac{5}{9} =$ ______

258 ★★★ Profitraining

Berechne und gib die Lösung vollständig gekürzt und – wenn möglich – als gemischte Zahl an. Achte auf die Vorfahrtsregeln.

a) $6\cdot\frac{7}{9}-\left(\frac{5}{2}-\frac{1}{3}\right) =$ ______

b) $3\frac{5}{6}+3\frac{2}{12}-7\frac{5}{9}:\frac{17}{15} =$ ______

c) $\frac{4}{3}:\left(\frac{5}{2}-\frac{14}{15}\right)+\frac{1}{47}\cdot 7 =$ ______

257) a) $\frac{10}{7} = 1\frac{3}{7}$; **b)** $\frac{1}{2}$; **c)** $\frac{12}{5} = 2\frac{2}{5}$

258) a) $\frac{5}{2}$; **b)** $\frac{1}{3}$; **c)** $\frac{47}{47} = 1$

259 ★★☆ Doppelbrüche

Du hast gelernt, einen Bruch durch einen anderen zu teilen; außerdem weißt du, dass der Bruchstrich immer für eine Division steht. Deshalb sind die Schreibweisen

$\frac{5}{6} : \frac{10}{9}$ und $\frac{\frac{5}{6}}{\frac{10}{9}}$ gleich. (Das zweite ist ein so genannter Doppelbruch.)

Da die zweite Variante ungewohnt aussieht – schreibe Doppelbrüche einfach um!

Schreibe in der gewohnten Divisionsschreibweise und berechne.

a) $\frac{\frac{1}{3}}{\frac{7}{18}} =$ ____________________

b) $\frac{\frac{5}{8}}{\frac{25}{16}} =$ ____________________

260 ★★★ Noch mehr Doppelbrüche

Der Bruchstrich hat die gleiche Funktion wie eine Klammer. Also: Vorfahrt!

Berechne:

a) $\frac{\frac{3}{16}}{\frac{9}{4} + \frac{3}{8}} =$ ____________________

____

b) $\frac{\frac{3}{7} - \frac{11}{42}}{\frac{7}{9} - \frac{33}{54}} =$ ____________________

____

259) a) $\frac{6}{7}$; b) $\frac{2}{5}$

260) a) $\frac{1}{14}$; b) $\frac{1}{6} : \frac{1}{6} = 1$

261 ★★☆ Zimmergröße

Kathi ist mit ihren Eltern umgezogen. Ihr neues Zimmer ist rechteckig, und die beiden Seitenlängen sind $3\frac{1}{2}$m bzw. $3\frac{1}{3}$m lang. Den Flächeninhalt eines Rechtecks erhält man, indem man die **Länge mit der Breite multipliziert**. Das Ergebnis hat hier die Einheit Quadratmeter (m^2).

Berechne den Flächeninhalt von Kathis neuem Zimmer in m^2.

262 ★★★ Seitenlänge gesucht

Michaels Zimmer hat laut Grundriss $12\frac{1}{2}m^2$. Eine Seitenlänge des rechteckigen Zimmers beträgt genau $3\frac{1}{3}$m.

Kann Michael ohne Messen herausfinden, wie breit sein Zimmer ist? Berechne.

261) $\frac{7}{2}m \cdot \frac{10}{3}m = \frac{7 \cdot 5}{3}m^2 = \frac{35}{3}m^2 = 11\frac{2}{3}m^2$

262) Ja, indem er den Flächeninhalt durch die gegebene Seitenlänge teilt.

Also: $\frac{25}{2}m^2 : \frac{10}{3}m = \left(\frac{25}{2} \cdot \frac{3}{10}\right)m = \frac{15}{4}m = 3\frac{3}{4}m$

263 ★★☆ Dezimalzahlen

Eine Dezimalzahl (anderes Wort: Dezimalbruch) ist nichts anderes als ein anders geschriebener Bruch. Z. B. kann man statt dem Bruch $\frac{1}{2}$ auch die **Dezimalzahl** 0,5 verwenden, beide Darstellungen bedeuten „ein halb".

Welche Dezimalzahl (rechter Rand) gehört zu welchem Bruch?

a) $\frac{1}{4}$ =	d) $\frac{3}{4}$ =	0,2	1
b) $\frac{3}{2}$ =	e) $\frac{143}{143}$ =	0,75	0,25
c) $\frac{1}{10}$ =	f) $\frac{2}{10}$ =	1,5	0,1

264 ★★☆ Dezimalzahlen bei Längen

Du weißt bereits, wie lang ein Zehntel von einem Meter ist: ein Dezimeter oder 10 Zentimeter oder aber auch 0,1 m. Natürlich gibt es hier immer mehrere richtige Lösungen.

Vervollständige die folgende Tabelle:

$\frac{1}{10}$ m	0,1 m
$\frac{2}{10}$ m	
	0,3 m
	0,4 m
	0,5 m

$\frac{15}{10}$ m	
$\frac{20}{10}$ m	
	2,6 m
	10 m
	0,01 m

263) **a)** 0,25; **b)** 1,5; **c)** 0,1; **d)** 0,75; **e)** 1; **f)** 0,2

264) linke Seite von oben nach unten: 0,2 m; $\frac{3}{10}$ m; $\frac{4}{10}$ m; $\frac{5}{10}$ m = $\frac{1}{2}$ m;

rechte Seite von oben nach unten: 1,5 m; 2 m; $\frac{26}{10}$ m; $\frac{100}{10}$ m = $\frac{10}{1}$ m; $\frac{1}{100}$ m

265 ★★☆ Von der Dezimalzahl zum Bruch I

Ergänze:

Welcher Bruch „verbirgt“ sich hinter der Dezimalzahl 0,375? Nun, 0,375 können wir aufteilen in $0{,}3+0{,}07+$ ________________. Diese Zahlen kann man als Brüche schreiben: $0{,}3=\frac{3}{10}$, ebenso ist $0{,}07=$ ________________ und schließlich ist $0{,}005=$ ________________. Wenn wir diese Brüche alle addieren, erhalten wir ____.

Das kann man auch direkt an der Dezimalzahl ablesen, wie wir anhand der Stellenwerttafel sehen werden. Damit können wir nun Dezimalzahlen in Brüche umwandeln.

266 ★★☆ Von der Dezimalzahl zum Bruch II

Wandle 0,875 in einen Bruch um. Gehe dabei so vor wie in Kurztest 265.

____

____

____

____

265) 0,005; $\frac{7}{100}$; $\frac{5}{1000}$; $\frac{3}{10}+\frac{7}{100}+\frac{5}{1000}=\frac{300+70+5}{1000}=\frac{375}{1000}=\frac{3\cdot125}{8\cdot125}=\frac{3}{8}$

266) Ergebnis: $\frac{7}{8}$

267 ★★☆ Stellenwerttafel

Wie bei den natürlichen und ganzen Zahlen kann man auch Dezimalzahlen in eine Tabelle eintragen. Die Bruchdarstellung ergibt sich dann aus den Stellenwerten.

Schreibe die angegebenen Zahlen in der Tabelle als Brüche und kürze.

	Zehner	Einer		Zehntel	Hundertstel	Tausendstel
a)		1	,	7	5	
b)		0	,	4	7	5
c)	1	0	,	5		
d)		0	,	2	5	

a) ______________________ b) ______________________

c) ______________________ d) ______________________

268 ★★☆ Wie groß?

Julian ist 1,35 m groß, seine Schwester Lara ist erst 1,25 m groß.

Welche Bruchdarstellungen passen zu Julian, welche zu Lara, welche gar nicht?

a) $\frac{125}{100}$ m ______________________ b) $\frac{25}{20}$ m ______________________

c) $\frac{135}{10}$ m ______________________ d) $\frac{27}{20}$ m ______________________

e) $\frac{1350}{1000}$ m ______________________ f) $\frac{5}{4}$ m ______________________

g) $\frac{135}{100}$ m ______________________ h) $\frac{125}{1000}$ m ______________________

268 Julian: **d)**, **e)**, **g)**. Lara: **a)**, **b)**, **f)**. Falsch sind **c)** (das sind 13,5 m) und **h)** (das sind 0,125 m)

267 **a)** $1 + \frac{7}{10} + \frac{5}{100} = \frac{100+70+5}{100} = \frac{175}{100} = \frac{25 \cdot 7}{25 \cdot 4} = \frac{7}{4}$; **b)** $\frac{475}{1000} = \frac{19 \cdot 25}{40 \cdot 25} = \frac{19}{40}$; **c)** $\frac{105}{10} = \frac{21}{2}$; **d)** $\frac{25}{100} = \frac{1}{4}$

269 ★☆☆ Einfache Brüche als Dezimalzahl

Es ist beim Rechnen vorteilhaft, manche „einfachen“ Brüche als Dezimalzahl angeben zu können. Bei solchen wie z. B. $\frac{1}{4}$ oder $\frac{1}{8}$ etc. solltest du die Dezimaldarstellung auswendig können, denn dann erhältst du auch schnell die Dezimaldarstellungen von $\frac{3}{4}$ oder $\frac{5}{8}$ etc.
Der Rechenweg sieht z. B. so aus: $\frac{3}{4} = 3 \cdot \frac{1}{4} = 3 \cdot 0{,}25 = 0{,}75$.

Schreibe die entsprechenden Dezimalzahlen hinter die angegebenen Brüche.

a) $\frac{1}{4}$ = ______ $\frac{5}{4}$ = ______ $\frac{9}{4}$ = ______

b) $\frac{1}{8}$ = ______ $\frac{3}{8}$ = ______ $\frac{7}{8}$ = ______

c) $\frac{1}{5}$ = ______ $\frac{2}{5}$ = ______ $\frac{4}{5}$ = ______

270 ★★☆ Vom Stammbruch zur Dezimalzahl

Beim Umwandeln eines Stammbruches (das sind Brüche mit dem Zähler 1) in eine Dezimalzahl muss man eine Zehnerpotenz suchen, in die der Nenner des Bruchs ohne Rest hineinpasst. Z. B.:
$\frac{1}{8}$ = ? 8 passt nicht ohne Rest **in 10**, auch nicht in 100, aber **125 Mal in 1000** hinein.
Also kann man schreiben: $\frac{1}{8} = \frac{125}{1000}$. Mithilfe der Tabelle: $\frac{1}{8} = \frac{125}{1000} = 0{,}125$

Forme ebenso um:

$\frac{1}{20}$ = ? ______

______

269) a) 0,25; 1,25; 2,25; **b)** 0,125; 0,375; 0,875; **c)** 0,2; 0,4; 0,8
270) 0,05

271 ★★☆ Vom Bruch zur Dezimalzahl I

Brüche, die keine Stammbrüche sind, kann man zerlegen in einen Stammbruch und einen Faktor.

Z. B. $\frac{3}{25} = 3 \cdot \frac{1}{25}$, also kannst du zuerst $\frac{1}{25}$ als Dezimalzahl schreiben und das Ergebnis dann mit 3 multiplizieren.

Wandle die Brüche in Dezimalzahlen um:

a) $\frac{7}{25} =$ ______________________

b) $\frac{17}{200} =$ ______________________

272 ★★☆ Vom Bruch zur Dezimalzahl II

Es gibt noch eine weitere Methode, Brüche als Dezimalzahlen zu schreiben.

Wie du weißt, ist der Bruchstrich ein Zeichen für Division, also kannst du z. B. $\frac{1}{8}$ durch (schriftliches) Dividieren in eine Dezimalzahl verwandeln.

Finde die Dezimaldarstellung der folgenden Brüche, indem du schriftlich den Zähler durch den Nenner teilst:

a) $\frac{5}{8} =$ ____________ b) $\frac{7}{40} =$ ____________

271) a) 0,28; **b)** 0,085
272) a) 0,625; **b)** 0,175

273 ★★☆ Nicht abbrechende Dezimalzahlen

Bislang konnten wir für jeden Bruch eine Dezimalzahl finden. Ob das auch hier gelingt?

a) Versuche, für die gegebenen Brüche eine Dezimaldarstellung zu finden. Probiere beide bekannten Verfahren aus.

$\frac{2}{3}$ = ______________________________

____

____

____

$\frac{5}{7}$ = ______________________________

____

____

____

b) Beschreibe deine Beobachtung.

____

____

____

____

____

____

273) a) Das „Stammbruchverfahren" scheitert beide Male. Das Verfahren über das schriftliche Dividieren kommt nicht zu einem Ende. Man könnte damit die Ergebnisse folgendermaßen angeben: $\frac{2}{3}$ = 0,6666666… bzw. $\frac{5}{7}$ = 0,714285714285…; **b)** Da sich die Zahlen irgendwann alle wiederholen, findet man keine Dezimalzahl, die abbricht. Bei dem ersten Beispiel wiederholt sich stets die gleiche Ziffer, während beim zweiten Beispiel erst verschiedene Ziffern vorkommen, bevor sich alles in der gleichen Reihenfolge wiederholt.

274 ★★☆ Perioden I

Eine Dezimalzahl, bei der sich Ziffernfolgen unendlich oft wiederholen, nennt man eine periodische Zahl.

Wenn man z. B. $\frac{2}{3}$ in eine Dezimalzahl umwandelt, erhält man 0,666666666…

Man liest: „Zwei Drittel ist gleich Null-Komma-Periode-Sechs" und schreibt dafür $0,\overline{6}$
Es kann auch sein, dass sich mehrere Ziffern wiederholen (0,123123123…) oder dass die Periode nicht unmittelbar hinter dem Komma beginnt (0,938888888888…).

Berechne zwei Drittel (also zwei geteilt durch drei) mit dem Taschenrechner. Was stellst du fest? Woran könnte die Abweichung liegen?

275 ★★☆ Perioden II

Probiere mit dem Taschenrechner oder durch schriftliches Dividieren aus, welche Stammbrüche noch Perioden ergeben. Schreibe 5 davon mit Lösung auf.

276 ★☆☆ Perioden und abbrechende Dezimalzahlen

Manche Brüche lassen sich als periodische Dezimalzahl schreiben. Umkreise alle Brüche, für die dies gilt. Du darfst dafür den Taschenrechner benutzen.

$\frac{2}{9}$ $\frac{5}{7}$ $\frac{9}{9}$ $\frac{7}{3}$ $\frac{12}{18}$ $\frac{5}{18}$ $\frac{27}{30}$

274) Der Taschenrechner rundet meist auf die letzte angezeigte Stelle; also steht auf dem Display (je nachdem, wie viele Stellen DEIN Taschenrechner anzeigt) z. B. 0,66666667.

275) Z. B. $\frac{1}{6} = 0,1\overline{6}$; $\frac{1}{9} = 0,\overline{1}$; $\frac{1}{7} = 0,\overline{142857}$; $\frac{1}{11} = 0,\overline{09}$; $\frac{1}{15} = 0,0\overline{6}$

276) Periodisch sind $\frac{2}{9}$; $\frac{5}{7}$; $\frac{7}{3}$; $\frac{12}{18}$; $\frac{5}{18}$

277 ★★☆ Besser als der Taschenrechner!

a) Berechne mit dem Taschenrechner. Wiederholen sich die Ziffernfolgen? Was vermutest du: Ist das Ergebnis eine periodische oder eine abbrechende Dezimalzahl?

$\frac{6}{7}$ = ____________________

b) Wenn $\frac{1}{12}$ periodisch ist, was weißt du dann über $\frac{5}{12}$; $\frac{7}{12}$; $\frac{11}{12}$; $\frac{13}{12}$ etc.?

____

c) Warum gilt die Beobachtung aus b) nicht für $\frac{2}{12}$; $\frac{3}{12}$?

____

d) Berechne $\frac{1}{7}$ ohne Taschenrechner. Beurteile deine Vermutung aus a).

____

____

278 ★★☆ Periodisch oder abbrechend?

Sicher hast du schon mal etwas erforscht: ein Stück Wald vielleicht oder eine geheimnisvolle Schachtel … Auch Mathematiker forschen gerne. Zum Beispiel kann man nach Brüchen suchen, die sich weder als abbrechende noch als periodische Dezimalzahl schreiben lassen.

Probiere mit dem Taschenrechner aus, ob du solche eigenwilligen Brüche findest.
(Eine Möglichkeit: den Zähler gleich lassen und nur den Nenner verändern.)

Platz für deine Versuche:

277) a) Ergebnis: 0,85714286. Keine sich wiederholenden Ziffernfolgen, also vermutet man, dass es keine periodische Dezimalzahl ist; aber: vergleiche Teilaufgabe d) **b)** Sie sind ebenfalls periodisch, **c)** … weil diese Brüche nicht vollständig gekürzt sind; **d)** Ergebnis: $0,\overline{142857}$, also muss auch – entgegen einer ersten Vermutung – das Ergebnis aus a) eine periodische Dezimalzahl sein, da $\frac{6}{7}$ ein Vielfaches von $\frac{1}{7}$ ist und 6 und 7 teilerfremd sind.

278) Man findet keinen! Mathematiker haben herausgefunden, dass man jeden Bruch entweder als abbrechende oder als periodische Dezimalzahl schreiben kann.

279 ★★☆ Besondere Perioden: Nenner 9 I

Berechne den Stammbruch durch schriftliches Dividieren, die anderen Brüche durch Vervielfachen. Was fällt dir auf?

$$\frac{1}{9} \quad \frac{2}{9} \quad \frac{4}{9} \quad \frac{5}{9} \quad \frac{7}{9} \quad \frac{8}{9}$$

280 ★★★ Besondere Perioden: Nenner 9 II

Berechne die Brüche. Was fällt dir auf? Vergleiche mit Kurztest 279.

$$\frac{10}{9} \quad \frac{11}{9} \quad \frac{13}{9} \quad \frac{14}{9} \quad \frac{16}{9} \quad \frac{17}{9}$$

279) $\frac{1}{9} = 0,\overline{1}$, also: $\frac{2}{9} = 0,\overline{2}$; $\frac{4}{9} = 0,\overline{4}$; $\frac{5}{9} = 0,\overline{5}$; $\frac{7}{9} = 0,\overline{7}$; $\frac{8}{9} = 0,\overline{8}$. Was fällt auf? Wenn der Nenner 9 ist, erhält man durch das Umwandeln eine Dezimalzahl, bei der die Periode die Länge 1 hat (d.h. nur aus einer Ziffer besteht) und aus dem Zähler gebildet wird.

280) $\frac{10}{9} = 1,\overline{1}$; $\frac{11}{9} = 1,\overline{2}$; $\frac{13}{9} = 1,\overline{4}$; $\frac{14}{9} = 1,\overline{5}$; $\frac{16}{9} = 1,\overline{7}$; $\frac{17}{9} = 1,\overline{8}$. Was fällt auf? Man erhält die gleichen Ergebnisse wie in Kurztest 274, nur um 1 größer. Dies liegt daran, dass man z.B. $\frac{10}{9}$ als gemischte Zahl schreiben kann, also: $1\frac{1}{9} = 1 + 0,\overline{1} = 1,\overline{1}$.

281 ★★☆ Besondere Perioden: Rückwärts

Welche Brüche sind hier vermutlich in Dezimalzahlen umgewandelt worden? Überprüfe deine Idee, indem du den Bruch wieder als Dezimalzahl schreibst.

a) $0,\overline{001}$ ______________ $0,\overline{004}$ ______________

b) $1,\overline{001}$ ______________ $2,\overline{004}$ ______________

282 ★★★ Übungen zu besonderen Perioden

Mit den Regeln, die du dir überlegt hast, kannst du auch folgende Dezimalzahlen als Brüche schreiben:

a) $0,\overline{41}$ __________________________

b) $1,\overline{102}$ __________________________

c) $2,\overline{21}$ __________________________

d) $0,\overline{1234}$ __________________________

282) a) $\frac{41}{99}$; **b)** $\frac{1101}{999}$; **c)** $\frac{219}{99}$; **d)** $\frac{1234}{9999}$

281) a) $\frac{1}{999}$; $\frac{4}{999}$ **b)** $\frac{1000}{999}$; $\frac{2002}{999}$

283 ★★★ Besonderheit bei Siebteln

Ermittle die Dezimaldarstellung der folgenden Brüche:

a) $\frac{1}{7}$ = ____________________

b) $\frac{2}{7}$ = ____________________

c) $\frac{3}{7}$ = ____________________

d) $\frac{4}{7}$ = ____________________

Vergleiche nun die vorkommenden Ziffern. Was fällt dir auf?

____

Was vermutest du, wie sehen $\frac{5}{7}$ und $\frac{6}{7}$ in Dezimaldarstellung aus?

____

284 ★★☆ Gerechtigkeit?

Die Drillinge Hannah, Jens und Maximilian bekommen zum Geburtstag einen Hundert-Euro-Schein von Onkel Gregor. „Teilt das Geld aber gerecht unter euch auf!", sagt er.

a) Können die Drillinge das Geld gerecht verteilen? Wo liegt das Problem?

____

____

b) Hast du einen Lösungsvorschlag für das Problem der drei Geschwister?

____

____

283) a) $0,\overline{142857}$; **b)** $0,\overline{285714}$; **c)** $0,\overline{428571}$; **d)** $0,\overline{571428}$. Auffälligkeiten: Es kommen immer die gleichen Ziffern vor, auch immer in der gleichen Reihenfolge, überall gleiche Periodenlänge. $\frac{5}{7} = 0,\overline{714285}$; $\frac{6}{7} = 0,\overline{857142}$

284) a) $100 : 3 = 33,\overline{3}$. Da die Dezimalzahl eine periodische ist, bricht sie nie ab. Also ist eine absolut exakte gerechte Aufteilung nicht möglich. **b)** Es wäre z. B. möglich, dass die Eltern noch 2 € dazugeben oder einen anderen Betrag, so dass der Gesamtbetrag ohne Periode durch drei zu teilen ist. Oder es wird unterschiedlich aufgeteilt und gelöst. Oder sie teilen sich nur einen Teil und spenden den Rest …

285 ★★☆ Übungen zu Dezimalzahlen

Wandle alle Brüche in Dezimalzahlen um und umgekehrt.
Markiere alle periodischen Dezimalzahlen und notiere die jeweilige Periodenlänge.

a) $\frac{5}{6}$ = ____________

b) $\frac{186}{31}$ = ____________

c) 0,762 = ____________

d) $2,\overline{12}$ = ____________

e) $\frac{3}{16}$ = ____________

f) $\frac{37}{5}$ = ____________

286 ★★★ Erstaunliches

Sind die unten angegebenen drei Dezimalzahlen gleich? Deine Vermutung:

____

Mit den bekannten Regeln kannst du die Dezimalzahlen als Brüche schreiben. Kannst du glauben, was dabei herauskommt?

a) $0,\overline{9}$ = ____________

b) $0,\overline{99}$ = ____________

c) $0,\overline{999}$ = ____________

____

____

____

____

285) a) $0,8\overline{3}$ periodisch mit Periodenlänge 1; **b)** 6; **c)** $\frac{762}{1000} = \frac{381}{500}$; **d)** $\frac{210}{99}$ periodisch mit der Periodenlänge 2; **e)** 0,1875; **f)** 7,4

286) Es sieht nicht so aus, als ob die drei Zahlen gleich wären, da sie sich um ein bis sogar zwei Nachkommastellen unterscheiden. Durch Umwandeln erhält man jedoch **a)** 1; **b)** 1; **c)** 1, also sind tatsächlich alle drei Dezimalzahlen gleich groß. Verblüffend, nicht wahr?

287 ★☆☆ Addieren von Dezimalzahlen

Das Verfahren der schriftlichen Addition ist dir bereits von den natürlichen Zahlen bekannt. Bei Dezimalzahlen geht es genauso. Man muss allerdings darauf achten, die Kommas immer genau untereinander zu schreiben!

Berechne durch schriftliche Addition:

a) 843,837 + 8347,094 =

b) 93,0945 + 73 672,8 =

288 ★☆☆ Subtrahieren von Dezimalzahlen

Wie beim Addieren gilt: Kommas immer untereinander schreiben! Berechne.

a) 938,94 − 82,9 =

b) 922,09 − 34,9934 =

287) a) 9190,931; **b)** 73765,8945
288) a) 856,04; **b)** 887,0966

289 ★★☆ Multiplizieren von Dezimalzahlen I

Berechne die Ergebnisse. Tipp: Achte auf die Anzahl der Nachkommastellen.

a) $84{,}4 \cdot 0{,}1 =$ ______

b) $84{,}4 \cdot 0{,}01 =$ ______

c) $84{,}4 \cdot 0{,}001 =$ ______

290 ★★☆ Multiplizieren von Dezimalzahlen II

Zähle in Kurztest 289 die Nachkommastellen der Ergebnisse und vergleiche diese Anzahl mit der Summe der Nachkommastellen der einzelnen Faktoren. Was fällt dir auf?

289) a) 8,44; **b)** 0,844; **c)** 0,0844

290) Die Anzahl der Nachkommastellen des Ergebnisses ist gleich der Summe der Nachkommastellen der einzelnen Faktoren.

291 ★★☆ Dezimalzahl geteilt durch ganze Zahl

Wie rechnet man 448,32 : 12? Wenn du es schon weißt, bist du hier schnell fertig …

Dividiere zunächst wie gewohnt. Aber: Sobald du die erste Nachkommastelle benötigst, musst du beim Quotienten ein Komma setzen.

a) 448,32 : 12 =

b) 6908,192 : 8 =

292 ★★☆ Dezimalzahl geteilt durch ganze Zahl – Besonderheiten

a) Manchmal ist der Quotient kleiner als 1. Dann musst du direkt das Komma setzen. Berechne.

3,96 : 11 =

b) Manchmal muss man beim Dividenden zusätzliche Nullen anfügen. Berechne.

38,7 : 6 =

292) a) 0,36; **b)** 6,45
291) a) 37,36; **b)** 863,524

293 ★★☆ Division von Dezimalzahlen

Fallen dir Strategien für die Berechnung von Termen wie $78{,}995 : 3{,}7$ ein?

Einerseits könnte man beide Zahlen als Brüche schreiben. Und wie man Brüche durcheinander dividiert, weißt du bereits. Nun gut, das ist eventuell relativ umständlich.

Andererseits kannst du schon durch natürliche Zahlen teilen. Wenn wir im oberen Beispiel Dividend und Divisor mit 10 multiplizieren, spielt das für das Ergebnis keine Rolle – aber es ist leichter zu rechnen, da der Divisor dann die natürliche Zahl 37 ist.

Berechne auf diese Weise den fehlenden Quotienten.:

$78{,}995 : 3{,}7 =$

294 ★★☆ Rechnen mit Dezimalzahlen querbeet

Berechne jeweils die Ergebnisse.

a) $0{,}82 \cdot 6 =$ ____________________

b) $2{,}93 \cdot 2{,}364 =$ ____________________

c) $8 \cdot 20{,}47 =$ ____________________

d) $34{,}03 \cdot 0{,}009 =$ ____________________

e) $101{,}7 : 15 =$ ____________________

f) $27{,}4046 : 52{,}1 =$ ____________________

g) $557{,}2597 : 19{,}9 =$ ____________________

h) $750{,}95 : 23 =$ ____________________

293) 21,35
294) a) 4,92; **b)** 6,92652; **c)** 163,76; **d)** 0,30627; **e)** 6,78; **f)** 0,526 ; **g)** 28,003; **h)** 32,65

295 ★★☆ Rattenkäfige

Der rechteckige Boden des Rattenkäfigs von Familie Huber ist genau $0{,}4\,m^2$ groß.
Eine Seitenlänge beträgt 80 cm.

Berechne die fehlende Seitenlänge. Denke ans Umrechnen!

296 ★★★ Rauminhalt: Länge mal Breite mal Höhe

Ein Terrarium für eine kleine Schildkrötenart sollte mindestens $0{,}45\,m^3$ Rauminhalt haben.
Judys Terrarium ist 1,1 m lang, 0,75 m breit und 40 cm hoch.

a) Berechne, ob das Terrarium von Judy den Bestimmungen genügt.

b) Kais Terrarium ist um 20 cm kürzer, aber um 5 cm breiter als Judys. Welche Höhe muss es mindestens haben, damit Kai nicht gegen die Regeln verstößt?

295) $0{,}4\,m^2 : 0{,}8\,m = 0{,}5\,m = 50\,cm$.
296) a) Nein, da $1{,}1\,m \cdot 0{,}75\,m \cdot 0{,}4\,m = 0{,}33\,m^3$; **b)** Grundfläche: $0{,}9\,m \cdot 0{,}8\,m = 0{,}72\,m^2$,
fehlende Höhe: $0{,}45\,m^3 : 0{,}72\,m^2 = 0{,}625\,m$, also: Das Terrarium muss mindestens 62,5 cm hoch sein.

297 ★★☆ Milch im Sonderangebot

In Sparhausen eröffnet ein neuer Supermarkt. Die Eröffnungsangebote sollen Kunden anlocken. Beispielsweise kosten 12 l H-Milch nur 5,76 € und ein Achterpack Joghurt 3,44 €.

Berechne die Stückpreise für einen Liter Milch und einen Joghurt.

298 ★★★ Terme mit Dezimalzahlen

Klammer zuerst, Punkt vor Strich, die verschiedenen Rechengesetze – das alles ist dir mittlerweile bekannt. Bei Dezimalzahlen gelten diese Regeln ebenfalls.

Berechne. Tipp: manchmal musst du das Komma verschieben!

a) $(0{,}88 - 0{,}73) \cdot 10 =$ __________

b) $0{,}01 \cdot (4{,}56 : 10 + 5{,}544) =$ __________

c) $34{,}84 : 100 \cdot 0{,}01 + 0{,}996516 =$ __________

d) $14{,}95 - 5{,}22 : 14{,}5 =$ __________

e) $[(0{,}2 + 0{,}2 + 0{,}2 + 0{,}2) \cdot (0{,}1 + 0{,}1)^2] \cdot 100 =$ __________

297) Ein Liter Milch kostet 48 Cent, ein Becher Joghurt 43 Cent.
298) a) 1,5; **b)** 0,06; **c)** 1; **d)** 14,59; **e)** 3,2

299 ★★☆ Toooooor! I

Jannik und Jule basteln für den Kunstunterricht ein Modell eines Fußballplatzes.
Sie haben die offiziellen Tor-Maße im Internet recherchiert: Breite 7,32 m, Höhe 2,44 m.
„Hmmm“, meint Jannik, „als erstes brauchen wir einen Maßstab. Was hältst du davon, den Maßstab 1:100 zu wählen?“ – „Tja, ich weiß nicht. Wird dann das Modell nicht zu klein?“ überlegt Jule, „vielleicht wäre 1:50 besser …“

Berechne, wie groß jeweils die Maße des Tors im Modell wären.

Antwort:	Janniks Vorschlag:	Jules Vorschlag:
Höhe des Tors:		
Breite des Tors:		

300 ★★★ Toooooor! II

a) **Eric und Lea haben den Maßstab 1:24,4 gewählt. Berechne die Tormaße nach diesem Maßstab und gib Vor- und Nachteile dieses Maßstabes an. (Kurztest 299)**

b) **Finde das Verhältnis von Torbreite zu Torhöhe heraus, indem du die Breite durch die Höhe teilst. Ist das Verhältnis bei allen Gruppen gleich?**

299) Janniks Vorschlag: Breite 7,32 cm, Höhe 2,44 cm. Jule: Breite 14,64 cm, Höhe 4,88 cm
300) a) Tormaße: Höhe 10 cm, Breite 30 cm. Vorteile: Man erhält ganze Zahlen, mit denen sich leichter rechnen und arbeiten lässt, allerdings vielleicht nur beim Tor. Ein Nachteil ist die relativ umständliche Division durch eine Dezimalzahl, die sich eventuell bei anderen Längen (z.B. Seitenlinie des Fußballfeldes) gar nicht lohnt, da man erst überprüfen müsste, ob auch dort die Ergebnisse ganzzahlig sind.
b) 7,32 m : 2,44 m = 3. Dieses Verhältnis bleibt immer gleich, egal welchen Maßstab man verwendet.

301 ★★☆ Prozent

Das Wort **Prozent** kommt aus dem Lateinischen *(pro centum)* und bedeutet **„von Hundert“**. Das ist schon ein wichtiger Hinweis darauf, wie man Prozentangaben berechnet.

Peter erzählt seiner Nachbarin Kathrin: „**46 von 100** Sechstklässlerinnen und Sechstklässlern besuchen bei uns eine AG!“ Kathrin meint: „So viele? Also, bei uns an der Schule sind es nur **23**.“ – „Ja, schon“, meint ihre Klassenkameradin Larissa, „aber wir sind ja insgesamt nur 50 Leute in den sechsten Klassen.“

Wie viel Prozent der Sechstklässlerinnen und Sechstklässler aus Peters bzw. Kathrins und Larissas Schule sind in einer AG? Schreibe auch mit Brüchen.

302 ★★☆ Prozentangaben

Es gibt viele Möglichkeiten, einen Anteil anzugeben. In der Tabelle gibt es 15 verschiedene Angaben, aber **nur zwei verschiedene Anteile**.

Finde gleichwertige Ausdrücke (Tipp: Brüche erweitern/kürzen!)

20 %	$\frac{1}{20}$	$\frac{3}{60}$	0,05	1 von 20
2 von 10	5 %	ein Fünftel	0,20	$\frac{1}{5}$
5 von 25	0,2	5 Hundertstel	20 von 400	$\frac{2000}{10\,000}$

301) Peter: 46 von 100 sind 46 Prozent, Schreibweise 46 %. Kathrin und Larissa: 23 von 50 ist der gleiche Anteil wie 46 von 100, also ebenfalls 46 %. Mit Brüchen geschrieben: $\frac{23}{50} = \frac{46}{100} = 46\,\%$

302) Gleichwertig sind: 5 %; 0,05; fünf Hundertstel; 1 von 20; 20 von 400; $\frac{1}{20}$; $\frac{3}{60}$; außerdem gehören zusammen: 20 %; 2 von 10; 5 von 25; 0,2; 0,20; ein Fünftel; $\frac{1}{5}$; $\frac{2000}{10\,000}$

303 ★☆☆ Kreise

Setze folgende Begriffe in die Lücken ein:
Abstand – Durchmesser – Ecken – Mittelpunkt – Radius – Sehne – Zirkel

Welche Besonderheiten hat ein Kreis? Zunächst hat ein Kreis keine ______________.

Deshalb braucht man einen ______________________, um Kreise zu zeichnen.

Dort, wo man mit der Zirkelnadel einsticht, ist der ______________________

des Kreises. Von diesem Punkt haben alle Punkte des Kreises den gleichen

______________. Diese Entfernung nennt man ______________.

Eine ______________________ entsteht, wenn man zwei Kreispunkte miteinander

verbindet. Eine Verbindung zweier Kreispunkte, die durch den Mittelpunkt geht, heißt

______________________________. Er ist doppelt so groß wie der Radius.

304 ★☆☆ Basiswissen zu Kreisen

a) Beschreibe, wie man einen Kreis mit dem Durchmesser 3 cm zeichnet.

____

____

____

____

____

b) Wie groß ist der Durchmesser d, wenn der Radius 4 cm beträgt?

____

c) Wie groß ist der Durchmesser d, wenn der Radius r beträgt?

____

303) Ecken – Zirkel – Mittelpunkt – Abstand – Radius – Sehne – Durchmesser

304) a) Der Radius ist die Hälfte des Durchmessers, also 1,5 cm. Stelle den Zirkel mithilfe eines Lineals auf 1,5 cm ein. Markiere den Mittelpunkt und ziehe mit dem eingestellten Zirkel einen Kreis. **b)** Der Durchmesser d ist dann doppelt so groß, also d = 8 cm. **c)** Der Durchmesser d ist dann doppelt so groß, also $d = 2 \cdot r$.

305 ★★☆ Kreise im Koordinatensystem

Nimm ein kariertes Papier und zeichne dort ein Koordinatensystem ein (1 cm entspricht 1 Längeneinheit). Die Skalierung beider Achsen sollte von −9 bis 9 reichen.

a) Zeichne einen Kreis um den Mittelpunkt M (0 | 0) mit dem Radius 4 cm und lies die Schnittpunkte des Kreises mit den Achsen ab:

____

____

b) Wie ändern sich die Koordinaten aus a), wenn du den Radius verdoppelst?

____

____

c) Wie ändern sich die Koordinaten aus a), wenn du den Durchmesser halbierst?

____

____

306 ★★☆ Nochmal Kreise im Koordinatensystem

Nimm ein kariertes Papier und zeichne dort ein Koordinatensystem ein (1 cm entspricht 1 Einheit). Die Skalierung beider Achsen sollte von −2 bis 6 reichen.

**a) Zeichne die Punkte A (0 | 1), B (0 | 4), C (2 | 0) ein.
Gelingt es dir, einen Kreis so zu zeichnen, dass alle drei angegebenen Punkte auf diesem Kreis liegen? Gib den Mittelpunkt des Kreises an.**

____

b) Wie groß ist der Radius des Kreises aus a)?

____

c) Wie lang ist die Sehne zwischen den Punkten A und B?

____

305) a) (Benennung der Punkte kann abweichen) A(−4 | 0), B(4 | 0), C(0 | −4), D(0 | 4)
b) Die Koordinaten verdoppeln sich ebenfalls. **c)** Die Koordinaten werden ebenfalls halbiert.
306) a) M(2 | 2,5); **b)** Der Radius ist 2,5 cm groß. **c)** Die Sehne liegt auf der y-Achse und ist 3 cm lang.

307 ★★☆ Radius gesucht!

Zeichne auf ein kariertes Blatt Kreise um den angegebenen Mittelpunkt M, die durch den ebenfalls angegebenen Punkt P gehen (Koordinatensystem, 1 cm entspricht 1 Einheit). Gib jeweils Radius und Durchmesser an:

a) M(1 | 1), P(0 | 1) ______________________

b) M(4 | 1), P(0 | 1) ______________________

c) M(0 | 1), P(0 | 3) ______________________

d) M(−3 | −4), P(0 | 0) ______________________

308 ★★★ Schnittpunkte

a) Zeichne in ein Koordinatensystem zwei beliebig große Kreise, die sich im Punkt (2 | 3) berühren. Wie viele weitere Kreise könntest du theoretisch zeichnen, die durch denselben Punkt (2 | 3) verlaufen?

____

____

b) Gesucht ist ein möglichst kleiner Kreis, der die x-Achse in den Punkten (2 | 0) und (6 | 0) schneidet. Gib seinen Mittelpunkt, seinen Radius und seinen Durchmesser an.

____

____

307) a) r = 1 cm, d = 2 cm; **b)** r = 4 cm, d = 8 cm; **c)** r = 2 cm, d = 4 cm; **d)** r = 5 cm; d = 10 cm
308) a) Unendlich viele. **b)** M(4 | 0); r = 2, d = 4

309 ★☆☆ Begriffe rund um den Winkel

Vervollständige den Text:

Der Sekundenzeiger und der Minutenzeiger einer Uhr schließen einen bestimmten ____________________ ein, der sich ständig ändert, wenn sich die Zeiger drehen. Allgemein kann man sagen: Ein Winkel wird von zwei ____________________ oder ____________________ eingeschlossen, die von einem gemeinsamen Anfangspunkt ausgehen. Dieser Punkt heißt ____________________ ____________________ des Winkels.

Auch der größere der beiden entstandenen Winkel wird von den beiden Schenkeln „eingeschlossen“. Durch einen ____________________ kann man anzeigen, ob man den kleineren oder den größeren Winkel meint. Winkel bezeichnet man meist mit kleinen ____________________ Buchstaben. Kennst du die Namen der folgenden Buchstaben? α ____________________; β ____________________; γ ____________________; δ ____________________; ε ____________________.

310 ★☆☆ Schnittwinkel bei Geraden

Zeichne zwei Geraden, die sich in einem Punkt schneiden. Benenne die entstehenden Winkel. Wie viele sind es? Wie heißt der Schnittpunkt der Geraden?

____

____

309) Winkel – Schenkeln – Halbgeraden – Scheitel/Scheitelpunkt – Kreisbogen – griechischen – alpha – beta – gamma – delta – epsilon.

310) Es sind vier Winkel. Benennungen z. B. mit den ersten vier Buchstaben des griechischen Alphabets: α, β, γ, δ. Der gemeinsame Schnittpunkt ist der Scheitel der entstandenen Winkel.

311 ★☆☆ Bezeichnungen

Winkel kann man nicht nur mit griechischen Buchstaben bezeichnen, sondern auch durch die Angabe dreier Punkte, zwischen denen der Winkel liegt. Richtige Reihenfolge: **Punkt auf einem Schenkel – Scheitelpunkt – Punkt auf anderem Schenkel.**

Zeichne einen Winkel α = ASB mit α = 30°. Die beiden Schenkel bilden noch einen weiteren, größeren Winkel β. Wie groß ist er? Hier musst du das Geodreieck mehrfach anlegen.

312 ★☆☆ Rechte Winkel

a) Ein rechter Winkel hat die Winkelweite von 90°. Zeichne ein beliebiges Viereck mit vier rechten Winkeln. Kennst du die Bezeichnung für ein solches Viereck?

b) Wenn du ein Viereck mit vier rechten Winkeln zeichnen sollst, das vier gleich lange Seiten besitzt, was für ein besonderes Viereck zeichnest du?

311) Gegenüberliegender Winkel: 330°.

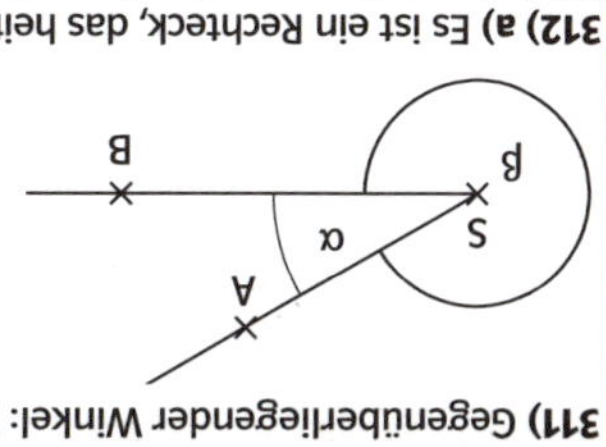

312) a) Es ist ein Rechteck, das heißt, es besitzt vier rechte Winkel und die gegenüberliegenden Seiten sind gleich lang.

z. B.

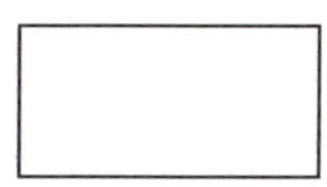

b) Es ist ein Quadrat, das heißt, es besitzt vier rechte Winkel und sogar alle vier Seiten sind gleich lang.

z. B.

313 ★☆☆ Verschiedene Winkelarten zuordnen

Ordne den Begriffen der oberen Zeile der passenden Winkelgröße zu.

a) spitzer Winkel	b) stumpfer Winkel	c) rechter Winkel	d) über-stumpfer Winkel	e) gestreckter Winkel	f) Vollwinkel

1) 360°	2) 90°	3) 180°	4) größer als 0° und kleiner als 90°	5) größer als 180° und kleiner als 360°	6) größer als 90° und kleiner als 180°

314 ★☆☆ Verschiedene Winkelarten

Zu welcher Winkelart gehören die angegebenen Winkel?

a)	$\alpha = 98°$	
b)	$\beta = 32°$	
c)	$\gamma = 90°$	
d)	$\delta = 0{,}5°$	
e)	$\varepsilon = 360°$	
f)	$\alpha = 290°$	
g)	$\delta = 180°$	

313) a) zu 4); **b)** zu 6); **c)** zu 2); **d)** zu 5); **e)** zu 3); **f)** zu 1)
314) a) stumpf; **b)** spitz; **c)** rechter Winkel; **d)** spitz; **e)** Vollwinkel; **f)** überstumpf; **g)** gestreckt

315 ★★☆ Uhrzeiten und Winkel

a) Es ist 9 Uhr. Welchen Winkel umschließen Stunden- und Minutenzeiger? (Miss den kleineren der beiden Winkel aus.)

____

b) Gib eine weitere Uhrzeit an, bei der der gleiche Winkel wie in a) eingeschlossen wird.

____

c) Stimmt es, dass die Zeiger um 3 Uhr einen 270°-Winkel bilden? Begründe.

____

____

316 ★★☆ Weitere Uhrzeiten und Winkel

a) Von Mitternacht bis 3 Uhr überstreicht der Stundenzeiger einen Winkel mit der Winkelweite 90°. Wie groß ist der Winkel, der vom Stundenzeiger von Mitternacht bis 6 Uhr überstrichen wird?

____

____

b) Wie groß ist der Winkel, der vom Stundenzeiger von Mitternacht bis 12 Uhr überstrichen wird?

____

c) Wie groß ist der Winkel, der vom Minutenzeiger in einer Minute überstrichen wird?

____

d) Wie groß ist der Winkel, der vom Stundenzeiger in einer Stunde überstrichen wird?

____

315) a) Einen rechten Winkel (90°), **b)** z. B. bei 21 Uhr oder bei 3 bzw. 15 Uhr; **c)** Ja, das stimmt, da die Zeiger einer Uhr immer zwei Winkel bilden. Bei 3 Uhr sind das 90° und 270°.

316) a) 180°; **b)** 360°; **c)** 360° : 60 = 6°; **d)** 360° : 12 = 30°

317 ★★★ Uhrzeiten und Winkel – weitergedacht

Knifflige Frage gefällig? – Welchen Winkel schließen Minuten- und Sekundenzeiger zu den jeweils angegebenen Uhrzeiten ein? (Gib immer den kleineren der beiden entstandenen Winkel an.) Beachte dabei, dass sich der Stundenzeiger ebenfalls bewegt, wenn die Minuten verstreichen.

a) 00:15 Uhr: ____________________

b) 01:30 Uhr: ____________________

c) 21:20 Uhr: ____________________

318 ★★☆ Winkel bei Dreiecken

a) Probiere aus: Wie viele rechte Winkel kann ein Dreieck höchstens haben?

____

b) Probiere aus: Wie viele spitze/stumpfe/überstumpfe Winkel kann ein Dreieck höchstens haben? Gib jeweils ein Beispiel an, wenn möglich.

____

____

317) a) Stundenzeiger: Ein Viertel von 30° sind 7,5°, Minutenzeiger: 15 mal 6° sind 90°, also ist der Winkel zwischen den Zeigern 90° − 7,5° = 82,5°. **b)** 180° − 45° = 135°; **c)** 280° − 120° = 160°

318) a) höchstens einen; **b)** spitz: drei (z.B.: α = 70°, β = 80°, γ = 30°); stumpf: einen (z.B.: α = 100°, β = 60°, γ = 20°); überstumpf: keinen

319 ★★☆ Winkelsummen

a) Zeichne auf ein kariertes Blatt verschiedene Dreiecke, miss jeweils alle Innenwinkel und addiere die gemessenen Gradzahlen jedes Dreiecks. Was fällt dir auf?

b) Zeichne auf ein kariertes Blatt mehrere verschiedene Vierecke, miss alle Innenwinkel und addiere die gemessenen Gradzahlen jedes Vierecks. Was fällt dir auf?

320 ★★☆ Kreisdiagramme

Zeichne einen Kreis. Bei vier von fünf Ausschnitten sind die Winkel angegeben: $\alpha = 80°$; $\beta = 12°$; $\gamma = 25°$; $\delta = 105°$. Berechne den fünften Winkel ε und zeichne das Diagramm.

319) a) Die Summe aller Innenwinkel eines jeden Dreiecks (die so genannte Winkelsumme) beträgt 180° (Abweichung durch Zeichenungenauigkeit). **b)** Die Summe aller Innenwinkel eines jeden Vierecks (die so genannte Winkelsumme) beträgt 360° (Abweichung durch Zeichenungenauigkeit).

320) $\varepsilon = 360° - (80° + 12° + 25° + 105°) = 360° - 222° = 138°$

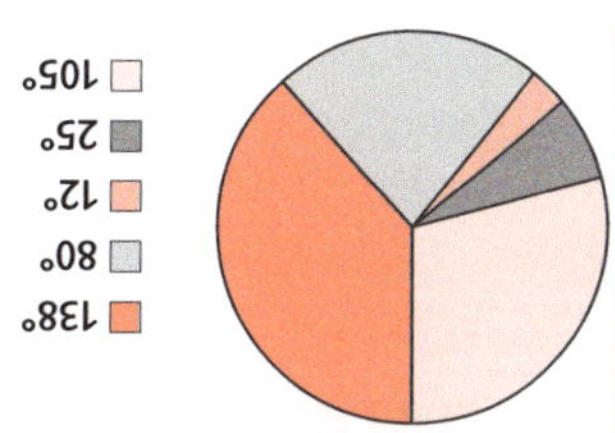

321 ★★☆ Geraden in einer Ebene

Erkläre die folgenden Begriffe möglichst genau:

a) Gerade: ______________________________

____

b) Zwei Geraden heißen **orthogonal/rechtwinklig/senkrecht** zueinander, wenn

____

____

____

c) Zwei Geraden heißen **parallel** zueinander, wenn ______________________________

____

____

322 ★☆☆ Scheitelwinkel und Nebenwinkel I

Zeichne zwei sich schneidende Geraden.

a) Wie viele Winkel entstehen beim Schnittpunkt? ______________________________

b) Wie viele **unterschiedliche** Winkel entstehen beim Schnittpunkt? Markiere sie.

____

321) a) Eine Gerade ist geradlinig und hat keinen Anfangs- bzw. Endpunkt. Sie ist also unendlich lang.
b) … da, wo sie sich schneiden, 4 rechte Winkel entstehen, also wenn sie sich im 90°-Winkel schneiden.
c) … beide orthogonal zu einer dritten Geraden sind, also wenn sie keinen gemeinsamen Schnittpunkt haben, aber beide die dritte Gerade im 90°-Winkel schneiden.
322) a) Es entstehen vier Winkel. **b)** Nur zwei unterschiedliche Winkel entstehen, jeweils zwei sind gleich.

323 ★★☆ Scheitelwinkel und Nebenwinkel II

a) Welche beiden Winkel sind in Kurztest 322 jeweils gleich groß?

b) Addiere die beiden benachbarten Winkel. Welches Ergebnis erhältst du?

Die gegenüberliegenden Winkel nennt man **Scheitelwinkel**, die benachbarten heißen **Nebenwinkel**.

Probiere durch Zeichnen eine Regel zu finden und vervollständige:

c) Addiert man zwei Nebenwinkel, erhält man immer ____________________.

d) Scheitelwinkel sind immer ____________________.

324 ★★☆ Stufenwinkel und Wechselwinkel

Hier siehst du zwei parallele Geraden und eine weitere, die beide Parallelen schneidet. Findest du den Winkel α noch an anderen Stellen?

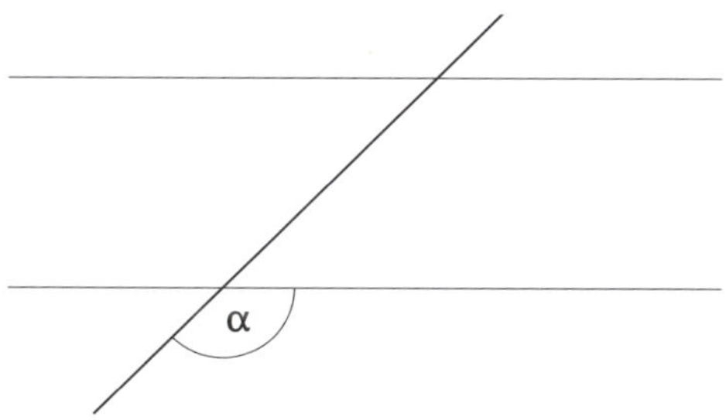

323) a) Die gegenüberliegenden Winkel. **b)** Man erhält 180°. **c)** 180°; **d)** gleich groß.

324) Der Winkel α ist außerdem eine „Stufe" weiter oben zu finden (Stufenwinkel), ebenfalls als Scheitelwinkel und als nach oben „verschobener" Scheitelwinkel (Wechselwinkel). Also: Scheitelwinkel, Wechselwinkel und Stufenwinkel sind gleich groß. Das gilt immer.

Lösungsskizze:

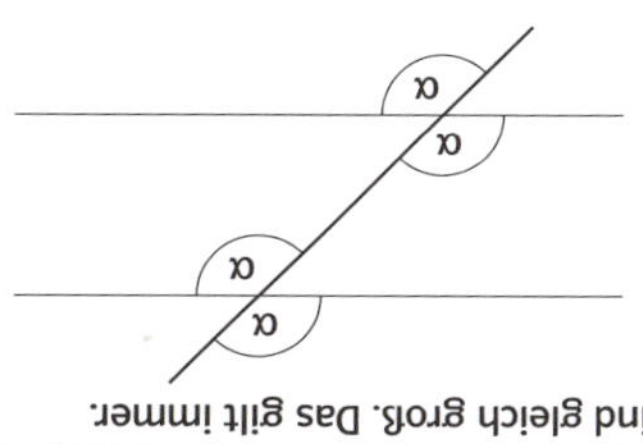

325 ★☆☆ Achsensymmetrische Figuren

Richtig oder falsch? Kreuze an.

Behauptung	Richtig	Falsch
a) Eine achsensymmetrische Figur hat immer unendlich viele Spiegelachsen.		
b) Eine Figur heißt achsensymmetrisch, wenn sie durch mindestens eine Spiegelachse in zwei spiegelbildliche Teile zerlegt werden kann.		
c) Wenn man einen Punkt an einer Symmetrieachse spiegelt, hat der ursprüngliche Punkt genau denselben Abstand zu dieser Achse wie sein Spiegelbild.		
d) Es gibt Figuren, die haben nur eine Spiegelachse, aber viele Symmetrieachsen.		
e) Ein Rechteck hat immer zwei Symmetrieachsen.		

326 ★★☆ Buchstäblich achsensymmetrisch

Schreibe alle Großbuchstaben aus unserem Alphabet auf, die symmetrisch zu mindestens einer beliebigen Achse sind und zeichne alle in Frage kommenden Achsen ein:

325) a) falsch; **b)** richtig; **c)** richtig; **d)** falsch; **e)** richtig

326) A; B; C; D; E; H; I; M; O; T; U; V; W; X; Ä; Ö; Ü und – je nach Schrift – evtl. noch K und Y; wenn man die Achsen einzeichnet, sieht das dann beispielsweise so aus:

etc.

327 ★★☆ Symmetrische Wörter

In Kurztest 326 mussten nur die einzelnen Buchstaben eine Symmetrieachse haben.

Suche vier Wörter, die jeweils nur mit einer Spiegelachse auskommen. Gib an, ob die Spiegelachse senkrecht oder waagerecht verläuft.

328 ★★☆ Symmetrie im Koordinatensystem

Zeichne auf ein kariertes Blatt ein Koordinatensystem für positive Zahlen ein (Skala der Achsen sollte von 0 bis 6 reichen).

a) **Trage die Punkte ein: A(3 | 4,5); B(2,5 | 3); C(1 | 3); D(2,5 | 2,5); E(2 | 1); F(3 | 2).**

b) **Verbinde die Punkte von A bis F. Spiegele die entstandenen Strecken an der Spiegelachse, die durch die Punkte A und F verläuft.**

c) **Was für eine Figur hast du erhalten? Benenne die gespiegelten Punkte mit A', B' etc. und gib ihre Koordinaten an.**

d) **Welche beiden Punkte haben durch das Spiegeln ihre Lage nicht verändert und woran liegt das?**

327) z. B.: HEIDE (Achse waagerecht); OTTO (Achse senkrecht); DICH (Achse waagerecht); UHU (Achse senkrecht); BEIDE (Achse waagerecht)

328) a)/b)/c) Man erhält einen Stern mit fünf Zacken. Die gespiegelten Punkte: A'(3 | 4,5); B'(3,5 | 3); C'(5 | 3); D'(3,5 | 2,5); E'(4 | 1); F'(3 | 2); **d)** A = A' und F = F', da A und F auf der Spiegelachse liegen (A und F sind so genannte Fixpunkte, das heißt, sie verändern ihre Lage nicht).

329 ★★☆ Spiegelachsen finden

Zeichne möglichst alle Spiegelachsen der Figuren ein. Wie viele gibt es jeweils?

a) Rechteck:

Anzahl Spiegelachsen: ____________

b) Quadrat:

Anzahl Spiegelachsen: ____________

c) Kreis:

Anzahl Spiegelachsen: ____________

d) Gleichseitiges Dreieck:

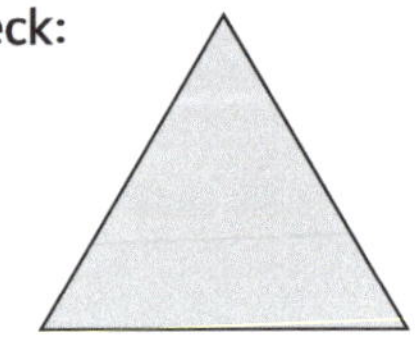

Anzahl Spiegelachsen: ____________

330 ★★☆ Doppelte Achsenspiegelung I

Nimm ein kariertes Blatt und zeichne ein Koordinatensystem für ganze Zahlen.

a) Spiegele das Dreieck mit den Eckkoordinaten A(2 | −1); B(2 | −3); C(7 | −3) an der waagerechten Achse (x-Achse). Spiegele dann das neue Dreieck an der y-Achse.

b) Lies jeweils die Eckkoordinaten ab und kommentiere, was dir auffällt.

Urbild	Spiegelbild (x-Achse)	Kommentar	Spiegelbild des Spiegelbilds (y-Achse)	Kommentar
A(2 | −1)	A′		A″	
B(2 | −3)	B′		B″	
C(7 | −3)	C′		C″	

329) a) Rechteck: Zwei Spiegelachsen, jeweils senkrecht und waagerecht durch die Mitte; **b)** Vier Spiegelachsen: zwei wie bei einem Rechteck, zusätzlich zwei durch die Diagonalen durch die Mitte; **c)** Unendlich viele Spiegelachsen, die alle durch den Mittelpunkt verlaufen müssen; **d)** Drei Spiegelachsen, jeweils durch eine Ecke und die gegenüberliegende Seite, genau durch die Mitte.

330) b) A′(2 | 1); A″(−2 | 1); B′(2 | 3); B″(−2 | 3); C′(7 | 3); C″(−7 | 3). Bei Spiegelung an der x-Achse wechselt das Vorzeichen der y-Koordinate, beim Spiegeln an der y-Achse dagegen das der x-Koordinate.

331 ★★★ Doppelte Achsenspiegelung II

Vergleiche in Kurztest 330 noch einmal das Urbild, also die ursprünglich gegebene Figur ABC, mit dem letzten Dreieck A"B"C".

a) Sind die beiden Dreiecke achsensymmetrisch zueinander? Warum (nicht)?

b) Würdest du hier überhaupt von Symmetrie sprechen oder nicht? Begründe.

332 ★★☆ Punktsymmetrie

Eine Figur ist punktsymmetrisch, wenn alle Verbindungsstrecken zwischen einem Punkt im Urbild und seinem Bildpunkt sich in einem Punkt schneiden. Dieser Punkt ist dann auch das Symmetriezentrum.

Finde alle punktsymmetrischen Großbuchstaben unseres Alphabetes.

331) a) Nein, man findet keine Spiegelachse, sodass das eine Dreieck das Spiegelbild des anderen wäre. Man kann das auch daran sehen, dass die Reihenfolge der Buchstaben beide Male gegen den Uhrzeigersinn verläuft – wenn man aber spiegelt, ändert sich immer der Umlaufsinn. **b)** Zwar liegt keine Achsensymmetrie vor; aber trotzdem scheint der Begriff Symmetrie nicht falsch zu sein, da eigentlich alles gleich bleibt: Winkelgröße, Streckenlänge .... Die Lösung: Hier liegt keine Achsen-, sondern Punktsymmetrie vor.

332) H; I; N; O; S; X; Z

333 ★★☆ Punktspiegelung

Erstelle auf Karo-Papier ein Koordinatensystem (Skala von 0 bis 8). Trage die Punkte A bis E ein. Verbinde sie in dieser Reihenfolge: A(3 | 5); B(3 | 3); C(3,5 | 4); D(4 | 3); E(4 | 5).

a) Was erhältst du? ______________________________.

b) Führe jeweils eine Punktspiegelung aus mit den Symmetriezentren A, B und C. Was stellst du fest? Beschreibe genau.

____

____

____

____

c) Chris hat die Punkte A bis E ebenfalls verbunden und punktgespiegelt und erhält eine Bildfigur mit den Koordinaten A′(6 | 3); B′(6 | 5); C′(5,5 | 4); D′(5 | 5); E′(5 | 3).

Welches Symmetriezentrum S hat Chris verwendet?

____

334 ★★☆ Richtig oder falsch?

Beurteile, ob die Aussagen richtig oder falsch sind.

a) Alle achsensymmetrischen Figuren sind auch punktsymmetrisch.

____

b) Punktsymmetrische Figuren können nicht gleichzeitig achsensymmetrisch sein.

____

c) Wenn man verschiedene Symmetriezentren wählt, verändert sich auch die Lage der Bildfigur.

____

333) a) Man erhält ein W. **b)** Beim Punktspiegeln erhält man immer eine „gedrehte" Bildfigur, also in diesem Fall immer ein M. Nur die Lage der Bildfigur hängt vom Symmetriezentrum ab. **c)** S(4,5 | 4)
334) a) falsch, z. B. das A ist achsen- aber nicht punktsymmetrisch; **b)** falsch, z. B. das O ist beides; **c)** richtig

335 ★☆☆ Parallelverschiebung

Es gibt verschiedene Möglichkeiten, Figuren in einem Koordinatensystem zu „bewegen". Man kann sie z. B. an einer Achse oder einem Punkt spiegeln, das kennst du schon. Es gibt aber auch noch Drehungen und Verschiebungen. Beim Verschieben bleibt die Figur so erhalten, wie sie ist, das heißt, **alle Längen und Winkel bleiben gleich.**

a) Zeichne ein Koordinatensystem auf Karo-Papier. Verschiebe das Dreieck ABC mit A(1|1); B(4|1); C(2|3) um drei Einheiten senkrecht nach oben und gib die Koordinaten der Bildfigur an.

b) Verschiebe das Dreieck ABC aus Teilaufgabe a) um vier Einheiten waagerecht nach rechts und gib die Koordinaten der Bildfigur an.

c) Es ist natürlich auch möglich, „schräg" zu verschieben, also nicht nur waagerecht und senkrecht. Was muss man dabei beachten?

336 ★★☆ Kann das sein?

In diesen Aussagen ist nicht alles stimmig. Welche Fehler findest du? Begründe.

a) Wenn man ein Dreieck verschiebt, kann manchmal auch ein Viereck als Bildfigur herauskommen.

b) Wenn man eine Gerade g verschiebt und die Bildgerade g' nennt, hängt die Lage des Schnittpunkts von g und g' von der Entfernung der Geraden ab.

335 a) A'(1|4); B'(4|4); C'(2|6); **b)** A'(5|1); B'(8|1); C'(6|3); **c)** Dass man alle Punkte so verschiebt, dass bei der Bildfigur Strecken und Winkel der Ursprungsfigur beibehalten werden und die entsprechenden Strecken parallel zueinander sind.

336 a) Fehler: Aus dem Dreieck kann kein Viereck werden, da dann die entsprechenden Seitenlängen bzw. Winkel nicht mehr gleich groß wären. **b)** Fehler: Die Geraden g und g' können keinen Schnittpunkt haben, da bei einer Parallelverschiebung die Bildstrecken parallel zu den ursprünglichen Strecken sind.

337 ★☆☆ Strecke, Entfernung, Abstand

Erkläre die Begriffe. Wie kann man die Länge jeweils bestimmen?

a) Strecke: ______________________________

____

b) Abstand zwischen einem Punkt und einer Geraden: ______________________________

____

____

____

338 ★★☆ Abstände messen

Zeichne ein Koordinatensystem auf ein kariertes Papier (1 cm entspricht 1 Einheit) und trage die angegebenen Informationen ein.

a) Trage die Punkte ein: A(1 | 3); B(5 | 0). Wie lang ist die Strecke $\overline{AB}$?

____

b) Wie groß ist der Abstand des Punktes A(3 | 8) zur waagerechten Achse bzw. zur senkrechten Achse?

____

____

337) a) Eine Strecke ist eine geradlinige Verbindung zwischen zwei Punkten. Wenn ihre Endpunkte A und B heißen, nennt man die Strecke zwischen A und B kurz $\overline{AB}$. Die Länge dieser Strecke, die man ebenfalls mit $\overline{AB}$ bezeichnet, kann man mit einem Lineal oder einem Geodreieck messen. (In manchen Büchern wird die Länge einer Strecke auch mit $|\overline{AB}|$ bezeichnet.) **b)** Als Abstand zwischen einem Punkt und einer Geraden wird die kürzeste Entfernung zwischen dem Punkt und der Geraden bezeichnet. Um den Abstand zu messen, muss man das Geodreieck so anlegen, dass eine Verbindungslinie zwischen Punkt und Gerade möglichst klein ist. Dies ist der Fall, wenn die Verbindungslinie orthogonal (also senkrecht) zu der Geraden ist.
338) a) $\overline{AB}$ = 5 cm; **b)** Der Abstand zur waagerechten Achse beträgt 8 cm, der Abstand zur senkrechten Achse 3 cm.

339 ★★☆ Viele verschiedene Vierecke

Kreuze an, welche Eigenschaft für das jeweilige Viereck zutrifft:

Eigenschaft	Allgemeines Viereck	Parallelo-gramm	Raute	Recht-eck	Quadrat
a) Es sind vier Ecken vorhanden					
b) Es sind mindestens zwei gleich lange Seiten vorhanden					
c) Gegenüberliegende Seiten müssen parallel sein					
d) Es müssen vier rechte Winkel vorhanden sein					
e) Die Diagonalen müssen gleich lang sein					
f) Alle vier Seiten müssen gleich lang sein					
g) Die Diagonalen müssen senk-recht aufeinander stehen					

340 ★★☆ Vierecke ergänzen

Gib jeweils den fehlenden Punkt an, so dass sich die geforderte Figur ergibt. Alle Koordinaten sollen positiv sein.

a) Ergänze zum Parallelogramm: A(0|0); B(4|0); C(2|3) ____________

b) Ergänze zum Quadrat: A(1|2); B(0|2); C(0|1) ____________

c) Ergänze zum Rechteck: A(7|7); B(1|3); C(3|0) ____________

d) Ergänze zu einer Raute: A(2|0); B(0|2); C(2|4) ____________

e) Ergänze zu einem Quadrat: A(2|0); B(0|2); C(2|4) ____________

339) a) trifft auf alle zu; **b)** und **c)** treffen auf alle bis auf das allgemeine Viereck zu; **d)** und **e)** treffen auf Rechteck und Quadrat zu; **f)** und **g)** treffen auf Raute und Quadrat zu

340) a) D(6|3); **b)** D(1|1); **c)** D(9|4); **d)** D(4|2); **e)** D(4|2)

341 ★★☆ Kann das stimmen?

Beurteile, ob die folgenden Aussagen stimmen oder nicht. Die Kurztests 339 und 340 können dir dabei helfen.

	Stimmt nicht	Stimmt
a) Es gibt Rauten, die gleichzeitig Quadrate sind.	◯	◯
b) Jede Raute ist gleichzeitig ein Quadrat.	◯	◯
c) Jedes Quadrat ist gleichzeitig eine Raute.	◯	◯
d) Jede Raute ist ein Parallelogramm.	◯	◯
e) Jedes Parallelogramm ist eine Raute.	◯	◯
f) Es gibt Rechtecke, die gleichzeitig Parallelogramme sind.	◯	◯
g) Es gibt Parallelogramme, die gleichzeitig Rechtecke sind.	◯	◯
h) Jedes Parallelogramm ist ein Rechteck.	◯	◯
i) Jedes Rechteck ist ein Parallelogramm.	◯	◯

342 ★☆☆ Drachen und Trapeze

Du kennst mittlerweile Parallelogramme, Rauten, Rechtecke und Quadrate. Es gibt aber noch mehr besondere Vierecke.

Was genau sind in der Geometrie Drachen und symmetrische Trapeze?

a) Drachen: ____________________

____

____

b) Symmetrische Trapeze: ____________________

____

____

341) a) stimmt; **b)** stimmt nicht (Rauten müssen keine rechten Winkel haben); **c)** stimmt (das Quadrat erfüllt alle Eigenschaften der Raute, nur verfügt es zusätzlich noch über rechte Winkel); **d)** stimmt; **e)** stimmt nicht, da nicht alle Seiten gleich lang sein müssen; **f)** stimmt; **g)** stimmt; **h)** stimmt nicht; **i)** stimmt

342) a) Der Drachen ist ein achsensymmetrisches Viereck mit jeweils zwei gleich langen Seiten. Die gleich langen Seiten sind benachbart. **b)** Das symmetrische Trapez hat zwei parallele Seiten. Durch die Mittelpunkte dieser Seiten verläuft eine Symmetrieachse. Die anderen beiden Seiten sind gleich lang.

343 ★★☆ Mehr Auslauf für Kaninchen I

Judith besitzt mehrere Kaninchen. Im Frühling möchte sie ihnen gerne ein wenig Auslauf und frisches Gras gönnen und sucht im Keller nach etwas Zaun, um ein Außengehege abzustecken. Sie findet 8 m Zaun und macht sich sofort an die Planung.

a) Das Gehege soll rechteckig sein. Welche beiden Form-Möglichkeiten gibt es?

b) Die 8 m sollen restlos verbraucht werden. Gib für zwei mögliche nichtquadratische Rechtecke jeweils die Seitenlängen an. Führe eine Probe-Rechnung durch.

c) Gib für ein quadratisches Gehege die Seitenlänge an, sodass die 8 m restlos verbraucht werden. Notiere deine Rechnung.

344 ★★☆ Mehr Auslauf für Kaninchen II

Da Judith will, dass die Kaninchen so viel Platz wie möglich in ihrem neuen Gehege haben, vergleicht sie nun die verschiedenen Möglichkeiten.

Zeichne die Gehege aus Kurztest 343 so genau wie möglich auf Karopapier (1 m entspricht 1 Kästchenlänge). Sind alle möglichen Gehege gleich groß? Begründe möglichst genau.

343) a) Es kann ein Rechteck sein (gegenüberliegende Seiten gleich lang) oder ein Quadrat (alle Seiten gleich lang). **b)** Rechteck: z. B. *1. Möglichkeit:* a = 1 m; b = 3 m; Probe: 1 m + 3 m + 1 m + 3 m = 8 m; *2. Möglichkeit:* a = 0,5 m; b = 3,5 m; Probe: 0,5 m + 3,5 m + 0,5 m + 3,5 m = 8 m; **c)** Bei einem Quadrat: 8 m : 4 = 2 m; also Seitenlänge a = 2 m

344) Z. B. bei einem Rechteck mit a = 1 Kästchenlänge und b = 3 Kästchenlängen umschließt das Gehege insgesamt 3 Kästchen, bei einem Rechteck mit a = 0,5 Kästchenlänge und b = 3,5 Kästchenlängen umschließt das Gehege insgesamt eindreiviertel Kästchen; bei dem Quadrat mit a = 2 Kästchenlängen werden 4 Kästchen umschlossen. Das Quadrat ist also die Möglichkeit mit dem größten Inhalt.

345 ★★☆ Umfang von Rechtecken

Ergänze die Formeln:

a) Den **Umfang u** eines **Rechtecks** mit den Seitenlängen a und b berechnet man, indem man alle Seitenlängen addiert. Also heißt die entsprechende Formel:

____

b) Den **Umfang u** eines **Quadrats** mit der Seitenlänge a berechnet man, indem man alle Seitenlängen addiert. Also heißt die entsprechende Formel:

____

346 ★★☆ Umfang

Berechne den Umfang der folgenden Figuren:

a) **Quadrat** mit der Seitenlänge 6 cm: ______________________________

b) **Rechteck** mit $a = 2\,\text{cm}$ und $b = 7\,\text{cm}$: ______________________________

c) **Rechteck** mit $a = 5\,\text{cm}$ und $b = 3\,\text{dm}$: ______________________________

d) Der **Umfang u** eines **allgemeinen Vielecks** ist die Summe aller Seitenlängen.
Berechne den Umfang eines Fünfecks mit $a = b = 2\,\text{cm}$; $c = 4\,\text{cm}$, $d = e = 6\,\text{cm}$.

____

347 ★★☆ Vom Umfang zur Seitenlänge

a) Der Umfang eines Rechtecks beträgt 40 cm. Die Seite a ist 5 cm lang.
Wie groß ist die zweite Seitenlänge b des Rechtecks? Notiere die Rechnung.

____

____

b) Der Umfang eines Quadrats ist 32 cm. Berechne die Seitenlänge a.

____

345) a) $u = a+a+b+b = 2\cdot a+2\cdot b = 2\cdot(a+b)$; **b)** $u = a+a+a+a = 4\cdot a$

346) a) $u = 4\cdot 6\,\text{cm} = 24\,\text{cm}$; **b)** $u = 2\cdot(2\,\text{cm}+7\,\text{cm}) = 2\cdot 9\,\text{cm} = 18\,\text{cm}$; **c)** $u = 2\cdot(5\,\text{cm}+30\,\text{cm}) = 2\cdot 35\,\text{cm} = 70\,\text{cm}$;
d) $u = 2\cdot 2\,\text{cm}+4\,\text{cm}+2\cdot 6\,\text{cm} = 20\,\text{cm}$

347) a) $40\,\text{cm} - 2\cdot 5\,\text{cm} = 30\,\text{cm}$; $30\,\text{cm} : 2 = 15\,\text{cm}$, also $b = 15\,\text{cm}$; **b)** $32\,\text{cm} : 4 = 8\,\text{cm}$, also $a = 8\,\text{cm}$

348 ★★☆ Sitzplätze im Kinosaal

a) Die Sitze in einem Kinosaal sind rechteckig angeordnet. Es gibt 13 Reihen. In einer Reihe gibt es 25 Sitze. Wie viele Plätze sind in dem Saal insgesamt angebracht? Notiere deinen Rechenweg.

b) Im zweiten Saal des Kinos gibt es 320 Plätze und 20 Sitzplätze pro Reihe. Wie viele Reihen gibt es? Notiere deinen Rechenweg.

349 ★★☆ Flächeninhalt von Rechtecken

In diesem Kurztest geht es um die Berechnung des Flächeninhaltes A bei Rechtecken.

a) Wenn man den Flächeninhalt eines Rechtecks mit den Seitenlängen 4 cm und 6 cm ausrechnen will, rechnet man:

b) Allgemein formuliert: Wenn man den Flächeninhalt eines Rechtecks mit den bekannten Seitenlängen a und b ausrechnen will, rechnet man:

c) Wenn man den Flächeninhalt eines Quadrats mit der bekannten Seitenlänge a ausrechnen will, rechnet man:

348) a) $13 \cdot 25 = 325$, also gibt es 325 Plätze; **b)** $320 : 20 = 16$, also gibt es 16 Reihen

349) a) Länge mal Breite, also $A = 4\,cm \cdot 6\,cm = 24\,cm^2$; **b)** $A = a \cdot b$; **c)** $A = a \cdot a = a^2$

350 ★★★ Fläche beim Parallelogramm

Zeichne auf Karopapier ein Rechteck mit a = 5 Kästchenlängen und b = 8 Kästchenlängen.

a) Berechne: Wie viele Kästchen umschließt das Rechteck? ____________________

b) Zeichne daneben ein Parallelogramm mit dem gleichen Flächeninhalt und beschreibe dein Vorgehen.

____

____

____

____

____

351 ★★☆ Fläche beim Dreieck

Zeichne auf Karopapier ein Koordinatensystem (1 Kästchenlänge entspricht einer Einheit), trage die Punkte A bis D ein und verbinde sie: A(0 | 1); B(0 | 5); C(5 | 5); D(5 | 1).

a) Wie groß ist der Flächeninhalt der entstandenen Figur? (Angabe in Kästchen)

____

b) Zeichne in dasselbe Koordinatensystem folgendes Dreieck: E(0 | 1); F(5 | 1); G(1 | 5). Ermittle den Flächeninhalt in Kästchen.

____

c) Vergleiche die Flächeninhalte aus a) und b). Was stellst du fest? Wie groß ist der Flächeninhalt des Dreiecks E(0 | 1); F(5 | 1); G(0 | 5)?

____

____

____

350) a) A = 5 · 8 = 40 Kästchen; **b)** Man behält den Abstand von 2 Seiten bei und „kippt" die zwei anderen gegenüberliegenden Seiten im gleichen Winkel beispielsweise nach links. Das entstandene Parallelogramm hat den gleichen Flächeninhalt wie das ursprüngliche Rechteck. Du kannst das besonders gut sehen, wenn du das Parallelogramm ausschneidest und so zerteilst und wieder zusammenfügst, dass du wieder das Rechteck erhältst.
351) a) A = 5 · 4 = 20 Kästchen; **b)** A = 10 Kästchen; **c)** Das Dreieck hat einen halb so großen Flächeninhalt wie das Rechteck mit der gleichen Grundseite und der gleichen Höhe. Dies wird durch den Flächeninhalt des bei c) vorgegebenen Dreiecks bestätigt (ebenfalls 10 Kästchen).

352 ★★☆ Einheiten von Flächeninhalten

Verbinde die Terme (a) bis f)) mit der jeweils richtigen Lösung (1) bis 6)). Markiere in einer gesonderten Farbe, welche Terme für einen Flächeninhalt stehen.

a) 8 cm · 2 cm	d) 2 km · 4 km
b) 2 km + 4 km	e) 7 mm + 1 mm
c) 7 dm · 1 dm	f) 4 mm · 4 mm

1) 6 km	4) 7 dm^2
2) 8 km^2	5) 16 mm^2
3) 8 mm	6) 16 cm^2

Welchen der Flächeninhaltsterme von der linken Seite kannst du dir als Flächeninhalt eines Quadrats vorstellen?

____

353 ★★☆ Umrechnungszahlen

Du weißt bereits, wie man Längenmaße umrechnet, z. B. 10 cm = 1 dm.
Wie ist es nun bei Flächeninhalten?

Zeichne auf kariertes Papier ein kleines Quadrat mit der Seitenlänge 1 cm. Den Flächeninhalt dieses Quadrates (4 Kästchen) nennt man 1 cm^2.

a) Zeichne ein Quadrat mit der Seitenlänge 1 dm. Der Flächeninhalt dieses Quadrates ist 1 dm^2. Wie viele cm^2 passen in 1 dm^2?

____

b) Zeichne drei Quadrate mit der jeweiligen Seitenlänge 2 cm, 4 cm, 8 cm und gib ihre Flächeninhalte in cm^2 an.

____

____

____

c) Ergänze: 1 m^2 = ______________ cm^2; 1 km^2 = ______________ m^2

352) Gleichwertig sind: **a)** und 6); **b)** und 1); **c)** und 4); **d)** und 2); **e)** und 3); **f)** und 5);
Flächeninhalte: **a)** und 6); **c)** und 4); **d)** und 2); **f)** und 5); der Term **f)** 4 mm · 4 mm kann für den Flächeninhalt eines Quadrates stehen: 4 mm ist dann die Seitenlänge des Quadrats.

353) 1 dm^2 = 100 cm^2; **b)** 4 cm^2, 16 cm^2, 64 cm^2; **c)** 10 000 cm^2; 1 000 000 m^2

354 ★★☆ Umrechnen

Hinweis: Flächeninhaltsmaß Ar ($1\,a = 100\,m^2$) und Hektar ($1\,ha = 100\,a = 10\,000\,m^2$).
Rechne jeweils in die angegebene Einheit um. Eine Tabelle kann dir dabei helfen.

a) $400\,cm^2$ = ________ dm^2 $20\,000\,cm^2$ = ________ m^2

b) $80\,dm^2$ = ________ cm^2 $700\,cm^2$ = ________ m^2

c) $40\,000\,dm^2$ = ________ km^2 $7\,km^2$ = ________ m^2

d) $3938\,cm^2$ = ________ m^2 $9\,059\,499\,mm^2$ = ________ dm^2

e) $57\,385\,dm^2$ = ________ a 838 a = ________ ha

355 ★★☆ Ordnung mit Flächen

Angegeben sind jeweils Länge und Breite von (annähernd) rechteckigen Flächen. Ergänze die Einheiten sinnvoll und berechne den jeweiligen Flächeninhalt. Ordne dann alle Ergebnisse der Größe nach an (beginne mit dem kleinsten Wert).

a) Zimmer: 4,23 ________ ; 3,80 ________ ; Flächeninhalt: ________

b) Postkarte: 13,45 ________ ; 9,7 ________ ; Flächeninhalt: ________

c) Wäldchen: 1,2 ________ ; 2,76 ________ ; Flächeninhalt: ________

d) Handy-Taste: 2,9 ________ ; 0,8 ________ ; Flächeninhalt: ________

e) Sportplatz: 125 ________ ; 90 ________ ; Flächeninhalt: ________

356 ★★★ Mathe am Swimmingpool

Die Poolfläche der Familie Zaster ist $280\,m^2$ groß. Eine Seite beträgt 20 m. Um den Pool herum soll eine Reihe mit quadratischen Fliesen der Seitenlänge $a = 20\,cm$ den Poolrand bilden.

a) Wie lang ist die andere Seite des Pools? ________

b) Wie viele Fliesen werden für den Rand gebraucht? Welche Fläche nehmen sie insgesamt ein?

____

354) a) $4\,dm^2$; $2\,m^2$; **b)** $8000\,cm^2$; $0,07\,m^2$; **c)** $0,0004\,km^2$; $7\,000\,000\,m^2$; **d)** $0,3938\,m^2$; $905,9499\,dm^2$; **e)** 5,7385 a; 8,38 ha

355) a) m; $16,074\,m^2$; **b)** cm; $130,465\,cm^2$; **c)** km; $3,312\,km^2$; **d)** mm; $2,32\,mm^2$; **e)** m; $11\,250\,m^2$.
Geordnet nach der Größe: $2,32\,mm^2 < 130,465\,cm^2 < 16,074\,m^2 < 11\,250\,m^2 < 3,312\,km^2$

356) a) 14 m; **b)** Kurze Seite: $1400\,cm : 20\,cm = 70$; lange Seite: $2000\,cm : 20\,cm = 100$.
Mit den vier Fliesen für die Ecken braucht man $2 \cdot 70 + 2 \cdot 100 + 4 = 344$ Stück; Fläche: $344 \cdot 0,22\,m^2 = 13,76\,m^2$

357 ★☆☆ Die Form verschiedener Körper

a) Schreibe die Namen der angegebenen Körper unter die jeweilige Abbildung:

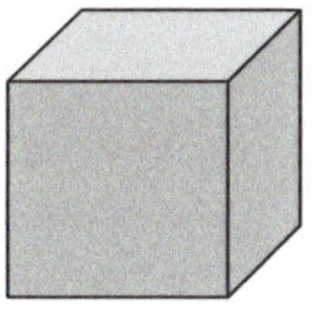

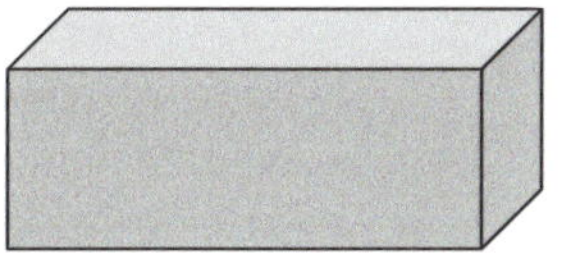

______________ ______________ ______________

b) Zähle mindestens drei weitere Körper auf, die du kennst:

____

____

358 ★★☆ Eigenschaften von Körpern

Fülle die Tabelle aus:

Körper	Anzahl der Flächen	Anzahl der Kanten	Anzahl der Ecken
a) Kugel			
b) Zylinder			
c) Würfel			
d) Quader			
e) Dreieckprisma			
f) Kegel			
g) Viereckpyramide			

357) a) Zylinder; Würfel; Quader; **b)** z.B. Dreieckprisma; Dreieck-/Viereckpyramide; Kegel; Kugel
358) a) 1; 0; 0; **b)** 3; 2; 0; **c)** 6; 12; 8; **d)** 6; 12; 8; **e)** 5; 9; 6; **f)** 2; 1; 1; **g)** 5; 8; 5

359 ★★★ Würfel und Quader

a) Der Flächeninhalt einer Seitenfläche eines Würfels beträgt 121 cm². Wie lang sind alle Kanten des Würfels zusammen?

b) Eine Seitenlänge einer Quaderbegrenzungsfläche ist doppelt so groß wie die andere. Insgesamt ist der Flächeninhalt der entsprechenden Begrenzungsfläche 32 cm².

Welche Maße kann der Quader haben, wenn er eine quadratische Grundfläche hat?

360 ★★☆ Würfelnetze

Ist dieses Netz ein Würfelnetz?

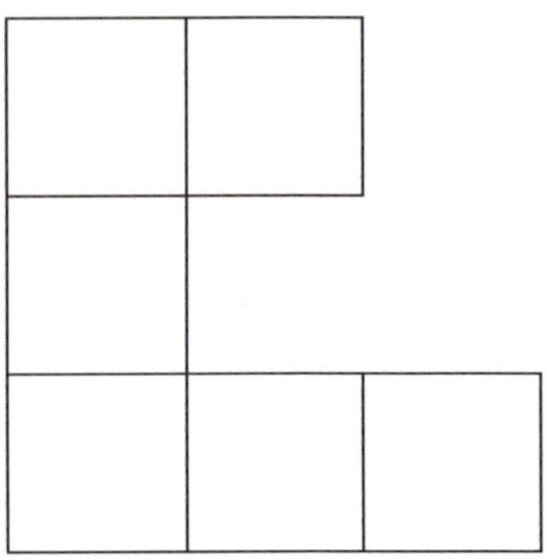

359) a) l = 12 · 11 cm = 132 cm; **b)** Seitenlänge der kurzen Seite: 4 cm, die andere Seite ist 8 cm lang.
Also kann der Quader entweder die Maße 4 cm · 4 cm · 8 cm oder 4 cm · 8 cm · 8 cm haben.
360) Nein

361 ★★☆ Mantelflächen

Du kannst aus folgenden Flächen einen Körper ohne Grundseiten (also ohne „Boden“ bzw. „Deckel“) formen.

Welche geometrischen Grundkörper könntest du bilden? Gibt es mehrere Möglichkeiten?

a)

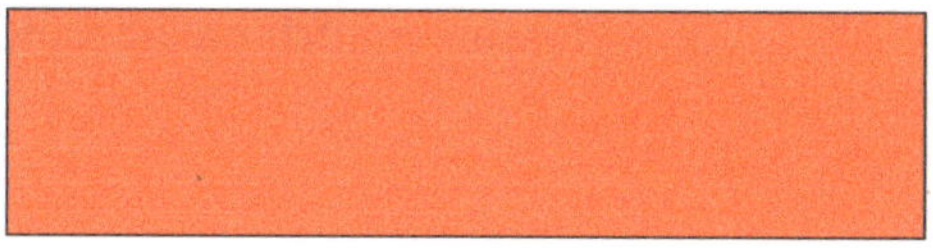

b)

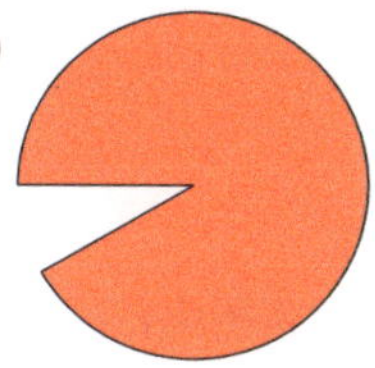

362 ★★☆ Schrägbilder

Hier brauchst du kariertes Papier.

a) Zeichne ein Schrägbild eines Würfels mit der Kantenlänge a = 20 mm.

b) Zeichne ein Schrägbild eines Quaders mit den folgenden Kantenlängen:
a = 2 cm; b = 3 cm; c = 2 cm.

Die Vorderfläche des Quaders soll die Fläche mit dem größten Flächeninhalt sein.

361) a) Es gibt mehrere Möglichkeiten, je nachdem, ob man die Fläche knickt oder nicht. Wenn man sie nur rollt, kann man einen Zylinder ohne Grundflächen herstellen. Wenn man das Rechteck der Länge nach in vier gleich große Teile knickt, erhält man vier quadratische Seiten, also wäre auch ein Würfel und erst recht ein Quader möglich. Teilt man das Rechteck in drei bzw. sechs Teile, kann man ein Dreiecksprisma bzw. ein Sechseckprisma herstellen.
b) Hier gibt es nur eine Möglichkeit: Kegel (ohne „Boden“).

362 a)

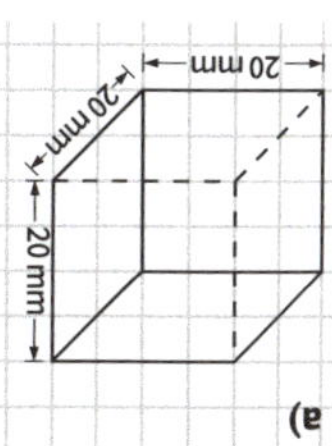

b)

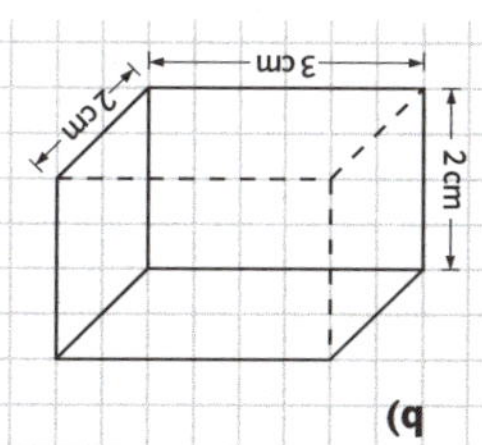

363 ★☆☆ Rauminhalt

Du kennst bestimmt die Einheit Liter. Vielleicht hast du auch schon mal etwas von Kubikmetern gehört. Dabei geht es um den Raum, den ein Körper ausfüllt.

Ergänze die Sätze zu richtigen Aussagen.

a) Mineralwasserflaschen können oft ______________________ fassen, manchmal aber nur ______________________.

b) Den **Flächeninhalt eines Rechtecks** berechnet man, indem man ______________________ und ______________________ miteinander ______________________.

Den **Rauminhalt (das Volumen) eines Quaders** berechnet man so: ______________________.

c) Den **Rauminhalt (das Volumen) eines Würfels** mit der Seitenlänge a berechnet man so: ______________________.

364 ★★☆ Würfelzucker

Hast du schon einmal eine Schachtel mit Würfelzuckerstückchen gesehen? Lauter kleine Würfel sind ordentlich aufgestapelt, sodass in die gesamte Schachtel möglichst viele Stückchen hineinpassen. Das machen wir in Gedanken jetzt auch:

Stell dir vor, du hast ganz viele kleine Würfelchen mit der Kantenlänge 1 cm.

a) Wie groß ist der Rauminhalt eines Würfelchens mit der Kantenlänge 1 cm?

____

b) Berechne den Rauminhalt V einer quaderförmigen Schachtel:
Länge a = 8 cm; Breite b = 6 cm; Höhe h = 3 cm. Wie viele Würfelchen passen hinein?

____

____

c) Wie viele der Zuckerwürfelchen würden in eine würfelförmige Schachtel mit der Kantenlänge 10 cm (also 1 dm) hineinpassen?

____

363) a) 1 l; 0,75 l bzw. 750 ml (Dreiviertel Liter); **b)** Länge; Breite; multipliziert; Länge mal Breite mal Höhe; **c)** Seitenlänge mal Seitenlänge mal Seitenlänge, also $a \cdot a \cdot a = a^3$

364) a) $1\,cm^3$; **b)** $V = 6\,cm \cdot 8\,cm \cdot 3\,cm = 144\,cm^3$, es passen also 144 Stück hinein; **c)** 1000 Stück

365 ★★☆ Umrechnung der Volumeneinheiten

Bei Kurztest 364 Teilaufgabe c) hast du herausgefunden, dass in einen Würfel mit der Kantenlänge **10 cm** (also 1 dm) viele kleine Würfel mit der Kantenlänge 1 cm hineinpassen, nämlich **1000 Stück**. Bekommst du damit die Umrechnungszahlen heraus?

Welche Aussagen sind wahr? Kreise die richtigen Aussagen ein.

a) $1\,dm^3 = 1000\,cm^3$ $\quad$ $1\,dm^3 = 100\,cm^3$ $\quad$ $1\,dm^3 = 10\,cm^3$

b) $1\,cm^3 = 10\,mm^3$ $\quad$ $1\,cm^3 = 100\,mm^3$ $\quad$ $1\,cm^3 = 1000\,mm^3$

c) $1\,m^3 = 100\,dm^3$ $\quad$ $1\,m^3 = 1000\,dm^3$ $\quad$ $1\,m^3 = 10\,dm^3$

Ordne die Bezeichnungen jeweils richtig zu:
Kubikzentimeter – Liter – Kubikmillimeter – Kubikmeter – Milliliter – Kubikdezimeter

$1\,mm^3$: ______

$1\,cm^3$: ______

oder z. B. bei Flüssigkeiten/Gasen/Luft: ______

$1\,dm^3$: ______

oder z. B. bei Flüssigkeiten/Gasen/Luft: ______

$1\,m^3$: ______

366 ★★☆ Umrechnen

Rechne jeweils in die angegebene Einheit um. Eine Tabelle kann dir dabei helfen.

a) $4000\,cm^3 =$ ______ dm^3 $\quad$ $70\,000\,mm^3 =$ ______ cm^3

b) $20\,dm^3 =$ ______ cm^3 $\quad$ $800\,cm^3 =$ ______ mm^3

c) $0{,}7364\,dm^3 =$ ______ l $\quad$ $7000\,ml =$ ______ cm^3

d) $8472\,cm^3 =$ ______ dm^3 $\quad$ $7\,109\,869\,mm^3 =$ ______ dm^3

e) $43\,795\,cm^3 =$ ______ l $\quad$ $838\,ml =$ ______ m^3

365) Richtig sind: **a)** $1\,dm^3 = 1000\,cm^3$; **b)** $1\,cm^3 = 1000\,mm^3$; **c)** $1\,m^3 = 1000\,dm^3$
$1\,mm^3$: Kubikmillimeter; $1\,cm^3$: Kubikzentimeter oder Milliliter; $1\,dm^3$: Kubikdezimeter oder Liter; $1\,m^3$: Kubikmeter
366) a) $4\,dm^3$; $70\,cm^3$; **b)** $20\,000\,cm^3$; $800\,000\,mm^3$; **c)** 0,7364 l; $7000\,cm^3$; **d)** $8{,}472\,dm^3$; $7{,}109869\,dm^3$;
e) 43,795 l; $0{,}000838\,m^3$

367 ★★☆ Umzug

Familie Rastlos zieht mal wieder um. Sie haben noch viele Umzugskartons mit den Maßen Länge 51,5 cm; Breite 35 cm; Höhe 36,5 cm im Keller.

a) Berechne den Rauminhalt eines Kartons in Kubikzentimetern.

Ron Rastlos entnimmt dem Fahrzeugschein des Familienautos, dass das Kofferraumvolumen des Wagens bei ausgebauten Rücksitzen 1880 l beträgt. „Aha“, stellt er fest, „nach meinen Berechnungen passen also etwa 28 Umzugskartons in unser Auto!“

b) Rechne nach (runde zuvor auf ganze Liter). **Was hältst du von Rons Aussage?**

368 ★★★ Umzug mit Büchern

Familie Rastlos besitzt ungefähr 540 Bücher unterschiedlicher Größe. Resa Rastlos soll sie alle in Umzugskartons (Länge 51,5 cm; Breite 35 cm; Höhe 36,5 cm) packen und soll vorher in etwa angeben, wie viele Kartons sie dafür benötigen wird.

Hilf Resa bei ihren Überlegungen und Rechungen. (Taschenrechner ist erlaubt!)

367) a) Ein Karton hat den Rauminhalt $65\,791{,}25\,cm^3$.

b) $65\,791{,}25\,cm^3 = 65{,}79125\,l$; $1880\,l : 66\,l = 28{,}\overline{48}$, also hat Ron richtig gerechnet. Allerdings kommt es nicht nur auf das Volumen an, sondern auch auf die Abmessungen des Kofferraums. Ein Auto hat keine ebenen Innenflächen, daher ist es unwahrscheinlich, dass 28 Kartons hineinpassen: diese können ja nicht halbiert oder geviertelt werden, sondern sind als ganze Einheit relativ sperrig.

368) Resa könnte das Volumen eines Buchs mittlerer Größe berechnen und dann das Kartonvolumen durch das Buchvolumen teilen; dann wüsste sie, wie viele Bücher ungefähr in einen Karton passen.
Rechnung: Buch mittlerer Größe: Länge 21 cm; Breite 16 cm; Dicke 3 cm, Buch-Volumen: $1008\,cm^3 \approx 1000\,cm^3$.
Somit $66\,000\,cm^3 : 1000\,cm^3 = 66$, also passen rein rechnerisch ca. 66 Bücher in einen Karton. Aufgrund der großen Sperrigkeit mancher Bücher und der ungleichen Maße sollte Resa besser eine niedrigere Zahl nehmen, z. B. 60.
Dann: $540 : 60 = 9$; sie sollte sich also 9 Kartons reservieren.

369 ★★★ Wasser marsch!

Gärtnerin Lilly Lilienfee gießt wenn möglich ihre Pflanzen immer mit Regenwasser. Eines Morgens steht in ihrem zylinderförmigen Behälter das Wasser 12 cm hoch. Tagsüber regnet es. Abends misst sie nach und stellt fest: die Wasserstandshöhe beträgt nun 25 cm. Zufrieden liest sie an einer Skala ab: „Sehr gut, da ist ja heute ein Wasservolumen von 20,8 l dazugekommen."

Berechne den Flächeninhalt der Wasserfläche des zylinderförmigen Behälters.

370 ★★★ Pralinenschachteln

Eine Süßwarenfirma möchte ihre Pralinen in einer neuen Verpackung verkaufen. Durch Richtlinien ist eine quader- oder würfelförmige Verpackung vorgegeben.
Ein Mitglied des Firmenvorstandes berechnet: „Wenn die Länge also gerade 1 cm länger wäre als die Breite der Grundfläche, wäre bei einer Höhe von 3 cm also der Rauminhalt der Schachtel genau 216 cm^3."

a) **Berechne die Maße der Schachtel und führe die Probe durch.**

b) Die Schachtel soll aus einem besonders beschichteten Karton erstellt werden. **Berechne, wie viel von diesem Karton für eine Schachtel gebraucht wird, ohne den Deckel zu berücksichtigen.**

369) Dazugekommen sind 20,8 l = 20 800 ml und 13 cm Höhe. Da Grundfläche mal Höhe gleich Volumen, gilt auch Volumen geteilt durch Höhe gleich Grundfläche. Die Grundfläche ist demnach: $20\,800\ cm^3 : 13\ cm = 1600\ cm^2$.

370) a) Länge 9 cm; Breite 8 cm; Höhe 3 cm; Probe: $9\ cm \cdot 8\ cm \cdot 3\ cm = 216\ cm^3$; Also alles richtig.
b) Hier muss man die Oberflächen berechnen. 2 kleinere Seiten: $2 \cdot 8\ cm \cdot 3\ cm = 48\ cm^2$ (Breite mal Höhe); 2 größere Seiten: $2 \cdot 9\ cm \cdot 3\ cm = 54\ cm^2$ (Länge mal Höhe); Boden: $9\ cm \cdot 8\ cm = 72\ cm^2$ (Länge mal Breite); insgesamt: $48\ cm^2 + 54\ cm^2 + 72\ cm^2 = 174\ cm^2$

371 ★★☆ Katis Schulweg

„Seit einer Woche gehe ich in die Schule. Auf dem Heimweg treffe ich immer meinen großen Bruder, dem ich dann viel zu erzählen habe, so dass wir **ganz langsam** sind. Nach ein paar Minuten müssen wir eine riesige Straße überqueren. Auf dem Heimweg ist die Schaltung gerade so, dass wir oft Rot haben und **lange stehen bleiben** müssen.
Meistens müssen wir uns danach ziemlich **beeilen**, sonst muss die Mama mit dem Essen so lange warten. Am Schluss müssen wir noch diesen Berg hoch, der furchtbar **steil** ist. Oben geht es nur noch ein kurzes Stück bergab. Da **rennen** wir. Geschafft!"

Lies am Punktediagramm die Informationen ab und beantworte damit die Fragen.

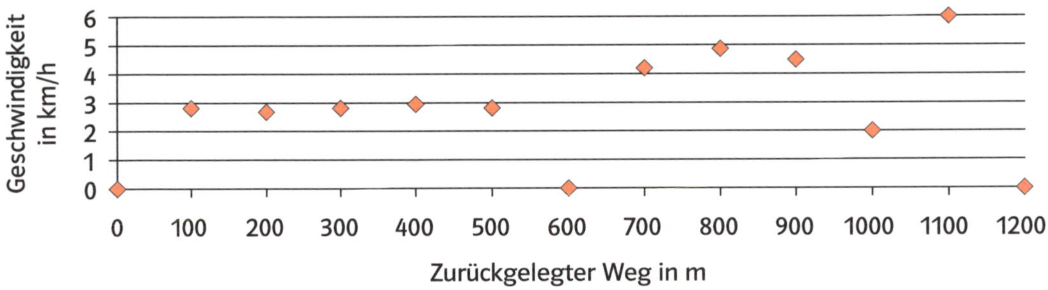

a) Wie lang ist Katis Schulweg insgesamt? ______

b) Nach wie vielen Metern bleiben sie an der Ampel stehen? ______

c) Welche Höchstgeschwindigkeit erreichen sie? ______

d) Warum ist ihre Geschwindigkeit nach 1000 m so niedrig? ______

e) Mit welcher durchschnittlichen Geschwindigkeit sind sie ungefähr unterwegs? ______

______

372 ★★☆ Größen zuordnen

Ordne der gegebenen Eingabegröße eine passende Ausgabegröße zu.
Es gibt immer mehrere Möglichkeiten, es reicht aber, jeweils eine anzugeben.

a) **Wettrennen:** Zurückgelegte Strecke in m → ______

b) **Baby:** Zeit in Wochen → ______

c) **Hausaufgaben:** Anzahl der Schulfächer → ______

d) **Klima:** Monat eines Jahres → ______

371) a) 1200 m; **b)** 600 m; **c)** 6 km/h; **d)** wegen des Berges; **e)** Mit ungefähr 3 km/h
372) z.B.: **a)** Zeit in s; **b)** Gewicht in g oder kg; **c)** Zeit in min; **d)** Temperatur in °C

373 ★★☆ Rechenvorschrift und Tabellen

Welche Tabelle passt zu der Rechenvorschrift „Multipliziere die Startzahl mit 2 und addiere diesem Produkt 3 dazu"?

(A)

Startzahl x	0	1	2	3
Ergebnis	2	5	8	11

(B)

Startzahl x	0	1	2	3
Ergebnis	3	5	7	9

Finde einen Term, der die oben genannte Rechenvorschrift kürzer ausdrückt.

374 ★★☆ Schaubilder

Neben Rechenvorschrift und Tabelle kann man Zuordnungen auch durch Schaubilder darstellen. Dabei wird die Eingabegröße an der waagerechten Achse aufgetragen.

Verwende kariertes Papier. Fülle für die vorgegebene Rechenvorschrift die Tabelle aus und trage die Werte dann in ein Schaubild ein.

Zuordnung: Anzahl der gesendeten Nachrichten (sms) → Kosten in Euro
Rechenvorschrift: $0{,}15 \cdot x$ (x steht für die Anzahl der gesendeten Nachrichten)

x: Anzahl sms	0	1	2	3	4	5	6	7	8	9	10
Kosten in Euro											

373) Tabelle (B) passt; Term: $2 \cdot x + 3$
374) Tabelle: 0; 0,15; 0,3; 0,45; 0,6; 0,75; 0,9; 1,05; 1,20; 1,35; 1,50;
Schaubild:

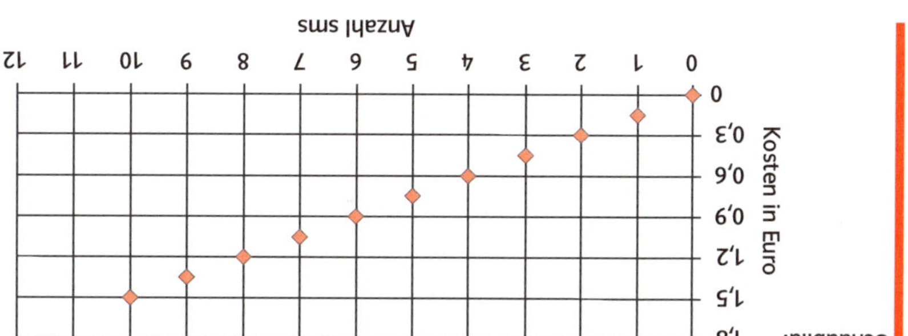

375 ★★☆ Besondere Datenreihen

In Kurztest 374 wurde einer Anzahl gesendeter Nachrichten die jeweils entstandenen Kosten in Euro zugeordnet.

Kreuze an, welche Aussagen auf die Zuordnung mit der Rechenvorschrift $0{,}15 \cdot x$ (x steht für die Anzahl der gesendeten Nachrichten) zutreffen und welche nicht.

	Richtig	Falsch
a) 500 Nachrichten kosten 75 €.	○	○
b) Es gilt: Je mehr sms, desto weniger Kosten.	○	○
c) Es gilt: Je weniger sms, desto weniger Kosten.	○	○
d) Es gilt: Je mehr sms, desto mehr Kosten.	○	○
e) Die Punkte des Schaubilds liegen auf einer Halbgeraden durch den Ursprung, wenn man sie verbindet.	○	○

376 ★★☆ Proportionale Größen

a) Ergänze:

Zwei Größen sind dann proportional zueinander, wenn ______________________________

____

____.

b) Wenn bei einer Zuordnung *nicht* gilt: „Je mehr ... desto mehr“, kann es sich dann trotzdem um eine proportionale Zuordnung handeln? Begründe.

____

____

____

375) a) richtig; **b)** falsch; **c)** richtig; **d)** richtig; **e)** richtig

376) a) ... zum Doppelten (Dreifachen, Vierfachen ...) der Eingabegröße auch das Doppelte (Dreifache, Vierfache ...) der Ausgabegröße gehört.
b) Nein, wenn die Eingabegröße „mehr wird“, muss auch die Ausgabegröße „mehr werden“. Ist das nicht der Fall, ist es ja gar nicht mehr möglich, dass z. B. dem Doppelten der Eingabegröße auch das Doppelte der Ausgabegröße zugeordnet wird.

377 ★☆☆ Proportional oder nicht?

Sind die angegebenen Zuordnungen proportional oder nicht? Begründe. Berechne jeweils die fehlende Information, wenn möglich. (Dreisatz!)

a) Anzahl der Pferde → Menge des gefressenen Futters

Zwei Pferde fressen drei Schubkarren Heu pro Tag. Sechs Pferde fressen ______

______

______

b) Anzahl der Kuchen → benötigte Backzeit

Die Backzeit eines Kuchens beträgt 60 min. Vier Kuchen brauchen ______

______

______

c) Zeit in min → Anzahl der gefallenen Tore

Nach 10 min waren bereits drei Tore gefallen. Nach 20 min waren es ______

______

______

378 ★★☆ Gemeinsam geht es schneller

Nach dem Schulfest im Hof gibt es 120 Gläser, die in die Küche gebracht werden müssen. Leider ist kein Tablett aufzufinden. Carina schafft in zwei Minuten sechs Gläser.

a) Wie lange würde sie allein für alle Gläser brauchen? ______

b) Wie lange dauert es, wenn Flo, Markus und Zita helfen und die drei ebenso schnell arbeiten wie Carina?

______

c) Sie haben es letztlich in 5 min geschafft! Wie viele haben Carina geholfen?

______

377) a) … 9 Karren Heu. Proportional, da dem Dreifachen der Eingabegröße das Dreifache der Ausgabegröße zugeordnet werden kann. **b)** … ebenso 60 min, wenn man sie gleichzeitig bäckt. Nicht proportional. Da hier nicht gilt: „Je mehr … desto mehr …", kann keine Proportionalität vorliegen. **c)** Diese Aufgabe kann man nicht durch Berechnungen lösen, da sich die beiden Größen nicht gleichartig verhalten. Also: nicht proportional.

378) a) 40 min; **b)** 10 min; **c)** Insgesamt waren sie zu acht, das heißt Carina hatte sieben Helfer.

379 ★★☆ Antiproportionale Größen

Außer den proportionalen gibt es noch viele andere Arten von Zuordnungen, z.B. die **antiproportionale** Zuordnung. Eine davon konntest du in Kurztest 378 kennenlernen.

a) Ergänze:

Zwei Größen sind dann antiproportional zueinander, wenn ______________________

____

____.

b) Wenn bei einer Zuordnung *nicht* gilt: „Je mehr … desto weniger", kann es sich dann trotzdem um eine antiproportionale Zuordnung handeln? Begründe.

____

____

____

380 ★★☆ Teures Geburtstagsgeschenk?

Steve und Marc haben die Idee, Lisa zum Geburtstag das Computerspiel zu schenken, das sie sich schon lange wünscht. Es kostet 48,00 €. Wie viele beteiligen sich wohl?

a) Fülle die Tabelle aus.

Anzahl Schenkende:	2	3	4	6	8	12	16	24
Kosten pro Person in €								

b) Ist die Zuordnung „Anzahl der schenkenden Personen → Kosten pro Person in Euro" proportional, antiproportional oder nichts davon? Begründe.

____

____

____

379) a) … zum Doppelten (Dreifachen, Vierfachen …) der Eingabegröße die Hälfte (ein Drittel, ein Viertel …) der Ausgabegröße gehört. **b)** Nein, wenn die Eingabegröße „mehr wird", muss die Ausgabegröße „weniger werden". Ist das nicht der Fall, ist es ja gar nicht mehr möglich, dass z. B. dem Doppelten der Eingabegröße die Hälfte der Ausgabegröße zugeordnet wird.
380) a) 24; 16; 12; 8; 6; 4; 3; 2; **b)** Antiproportional: wenn doppelt so viele sich beteiligen, muss jeder nur halb so viel bezahlen, bei dreimal so vielen Schenkenden bezahlt jeder nur ein Drittel etc.